超時短 Illustrator

デザイン&レイアウト速攻アップ！

Illustrator CC 2018:Properties panel / Puppet Warp / More artboards / Stylistic sets / Easier artboard organization / SVG color fonts / Variable fonts / MacBook Pro Touch Bar support / Text management in Creative Cloud Libraries / Easier image cropping / Faster document creation / Redesigned Color Theme panel / Stability enhancements / Pixel-perfect artwork creation / Faster font searching / Easier use of glyphs / Quicker start to your designs / Adobe Stock templates and search / New Creative Cloud Libraries capabilities / Creative Cloud Assets improvements / Introducing Typekit Marketplace / Font and text enhancements / Zoom to selection / Modern user experience / Adobe Stock search inside Illustrator / Better collaboration with libraries / Updated Libraries panel / And so much more...

高橋 としゆき 著

技術評論社

ご購入・ご利用前に必ずお読みください

●本書記載の内容は、2018年1月31日現在の情報です。そのため、ご利用時には変更されている場合もあります。また、アプリケーションはバージョンアップされる場合があり、本書での説明とは機能内容や画面図などが異なることもあり得ます。本書ご購入の前に必ずアプリケーションのバージョン番号をご確認ください。

● Illustratorについては、執筆時点の最新バージョンCC 2018で解説しています。

●本書に記載された内容は、情報の提供のみを目的としています。本書の運用については、必ずお客様自身の責任と判断によって行ってください。これらの情報の運用の結果について、技術評論社および著者はいかなる責任も負いかねます。また、本書の内容を超えた個別のトレーニングにあたるものについても、対応できかねます。あらかじめご承知おきください。

●サンプルファイルの利用は、必ずお客様自身の責任と判断によって行ってください。これらのファイルを使用した結果生じたいかなる直接的・間接的損害も、技術評論社、著者、プログラムの開発者、ファイルの制作に関わったすべての個人と企業は、一切その責任を負いかねます。

以上の注意事項をご承諾いただいた上で、本書をご利用願います。これらの注意事項をお読みいただかずに、お問い合わせいただいても、技術評論社および著者は対処しかねます。あらかじめ、ご承知おきください。

本文中に記載されている製品の名称は、一般にすべて関係各社の商標または登録商標です。

はじめに

Adobe Illustrator は、デザインの現場において中核を担う、業界のデファクトスタンダードです。30年を超える長い歴史の中で、数多くの機能が搭載されてきました。現在において、デザイン作業の中で避けて通ることができないソフトウェアのひとつといっても過言ではないでしょう。つまり、「Illustrator を使いこなす」ということは、頭の中のアイデアを形に表すスキルと深く関わるともいえます。

図形や文字の作成など、基本機能を使うだけでも日常的な作業の大半は問題なくこなせます。しかし、基本機能をマスターしたあとでも、「この単純作業だけで半日終わってしまう」とか、「これどうやって作るんだろう？」といった壁にぶつかることはよくあります。そのようなとき、手にしていただきたいのが本書です。

ここで紹介している技の多くは、ベテランのデザイナーやオペレーターなら普段から実施しているものが大半です。また、筆者が実際に業務で使うちょっとしたテクニックも盛り込んでいます。幅広いレベルに対応するため、操作に迷わないように手順もできるだけ丁寧に解説しました。基本機能をマスターし、次のステップへ進みたい「2年目の Illustrator ユーザー」にぜひ読んでいただきたい内容といえるでしょう。

マニュアルに触れるだけでは知り得ないちょっとしたテクニックを身につけるだけで、作業が飛躍的に効率化されたり、より高度な表現ができることもあります。余分な作業はソフトウェアに任せ、できるだけクリエイティブな作業に時間を使うことがデザイン上達のポイントです。本書が、皆様の Illustrator スキルを次のステップへ導くことができたなら幸いです。

2018年1月
高橋としゆき (Graphic Arts Unit)

本書の使い方

本書は Illustrator を利用するうえで、知っておくと作業の効率が上がる Tips を、作例を用いて紹介しています。ドキュメントの効率的な管理方法からはじまり、いかに素早く、オブジェクト・画像、テキストを作成・配置するかといった Tips、さらにはカラーにまつわる Tips、上級ワザとしてはスクリプトを利用したさまざまな自動化まで、時間短縮をキーワードに現場で役立つ Tips ばかりを厳選しています。解説の中では、必要に応じて補足となる Point を配置しているので活用してください。

Illustratorのバージョンについて

Illustrator は執筆時点の最新バージョン CC 2018で解説しています。サブスクリプション（定期利用）プランである CC（Creative Cloud）は随時バージョンアップされており、新しい機能が追加されています。新機能は作業の効率化に結びつくものが多いため、古いバージョンで使用されている場合は、最新版の利用をおすすめします。

CS6以前のバージョンでは利用できない機能が含まれてる場合があります。もし Tips がお使いのバージョンで利用できない場合、以降に追加された機能の可能性があります。Illustrator のバージョンアップの時期ごとの新機能はアドビ システムズ株式会社の Web サイト https://helpx.adobe.com/jp/illustrator/using/whats-new.html で紹介されています。ご確認のうえ、最新版をご検討ください。

ショートカットキー・メニュー・パネルの表記について

本書では macOS を使って解説をしています。掲載した Illustrator の画面とショートカットキーおよびメニューの表記は macOS をもとに括弧内に Windows のショートカットキーを表記しています。

CC 2018では、コントロールパネルがデフォルトでは表示されていないことがあります。［ウィンドウ］メニュー→［コントロール］を選択して表示させてからお使いください。また、ワークスペース内に表示されていないパネルは、同じく［ウィンドウ］メニューから選択して表示することができます。

作例ファイルについて

本書で使用している作例ファイルはサンプルとして利用できるようになっています。弊社ウェブサイトからダウンロードできますので、以下のURLから本書のサポートページを表示してダウンロードしてください。その際、下記のIDとパスワードの入力が必要になります。

http://gihyo.jp/book/2018/978-4-7741-9606-0/support

[ID] jitanai　　　　　　[Password] spfile

ダウンロードしたファイルは著作権法によって保護されており、本書の購入者が本書学習の目的にのみ利用することを許諾します。それ以外の目的に利用すること、二次配布することは固く禁じます。また購入者以外の利用は許諾しません。

ファイル容量が大きいため、ダウンロードには時間がかかる場合があります。またご利用のインターネット環境（Wi-Fiなどの無線LAN）や時間帯により、うまくダウンロードできないことがありますので、その場合は異なる環境で試したり、時間を空けて再度お試しください。

作例ファイルは任意のダウンロードサービスです。
ご利用についてはご自身の判断、責任で行っていただきますよう、お願いいたします。
お使いのPCおよびインターネット環境下でのダウンロードの不具合に関するお問い合わせは、ご遠慮ください。

アプリケーションについてのご注意

●本書では、デスクトップアプリケーションのIllustratorを使用して解説を行っています。Adobe Illustrator CCアプリケーションはご自身でご用意ください。Adobe Creative CloudおよびAdobe Illustratorをはじめとした製品版または体験版（7日間無償）のダウンロード、インストール方法については、以下のアドビ システムズ社のWebサイトを参照ください。

◆ Creative Cloud アプリケーションのダウンロードとインストール
https://helpx.adobe.com/jp/creative-cloud/help/download-install-app.html

●アプリケーションの不具合や技術的なサポートが必要な場合は、アドビ システムズ株式会社のWebサイトをご参照ください。

◆ アドビサポート
https://helpx.adobe.com/jp/support.html

Contents

はじめに ... 3
本書の使い方 ... 4

Part 1 ドキュメントの効率ワザ ... 9

- Tip 01 → 印刷入稿に必要なファイルを集めたい ... 10
- Tip 02 → 不要なシンボル、ブラシ、スウォッチを一括削除したい ... 14
- Tip 03 → 2ページ以上の原稿を作りたい ... 18
- Tip 04 → アートボードの内容を画像として書き出したい ... 21
- Tip 05 → すべてのアートボードにオブジェクトをペーストしたい ... 24
- Tip 06 → 単位を素早く切り替えたい ... 26
- Tip 07 → 透明の範囲をわかりやすく表示したい ... 28
- Tip 08 → ピクセルを使った表示にしたい ... 30
- Tip 09 → ウェブやアプリ用の画像としてパーツを書き出したい ... 32
- Tip 10 → よく使う新規ドキュメントの設定を保存したい ... 36
- Tip 11 → 定型のデザインを雛形として利用したい ... 40

Part 2 オブジェクト・画像の効率ワザ ... 43

- Tip 12 → 形を調整しやすい和風の雲模様を作りたい ... 44
- Tip 13 → シールド風のエンブレムを作りたい ... 48
- Tip 14 → 地図で使う線路を効率よく作りたい ... 51
- Tip 15 → 立体的な棒グラフを作りたい ... 54
- Tip 16 → テキストを加工してステンシル風ロゴを作りたい ... 58
- Tip 17 → 繰り返し使うパーツを効率よく管理したい ... 62
- Tip 18 → ストライプやドットの基本的なパターンを効率よく作りたい ... 65
- Tip 19 → 編集可能な状態で図形を組み合わせたい ... 70
- Tip 20 → 編集しやすい吹き出しを作りたい ... 74
- Tip 21 → コーナーの形状が崩れない囲み罫を作りたい ... 77

Tip	22	→	よく使う塗りや線の設定を保存しておきたい	80
Tip	23	→	タブ形状の図形を作りたい	83
Tip	24	→	オブジェクトの属性をすべてコピーしたい	86
Tip	25	→	キラキラのパーツをランダムに散らしたい	89
Tip	26	→	植物をイメージした飾り罫を作りたい	93
Tip	27	→	文字入りリボンのパーツを作りたい	97
Tip	28	→	写真をイラスト風に加工したい	101
Tip	29	→	筆で描いたラインで円形の枠を作りたい	104
Tip	30	→	写真を好きな形で切り抜きしたい	107

Part 3　オブジェクト配置の効率ワザ　109

Tip	31	→	特定のオブジェクトを基準に整列させたい	110
Tip	32	→	均等間隔のガイドを素早く作りたい	112
Tip	33	→	簡単に段組みを作りたい	115
Tip	34	→	オブジェクトの大きさや位置をランダムにしたい	118
Tip	35	→	用紙の裁ち落としから指定の距離でガイドを作成したい	121
Tip	36	→	正確な位置にガイドを作りたい	125
Tip	37	→	線幅や効果を含めたサイズを基準にしたい	127
Tip	38	→	同じオブジェクトを等間隔で増やしたい	130
Tip	39	→	コピーしたときのレイヤーを維持してペーストしたい	134
Tip	40	→	複数のレイヤーやオブジェクトを1つにまとめたい	138
Tip	41	→	複数の画像を一度に配置したい	142
Tip	42	→	枠の中に直接画像を配置したい	145
Tip	43	→	配置画像の埋め込みとリンクを変更したい	148

Part 4　テキストの効率ワザ　151

Tip	44	→	アーチ状の文字を作りたい	152
Tip	45	→	同じ文字の設定を繰り返し使いたい	155
Tip	46	→	多重のフチ文字を効率的に作りたい	159
Tip	47	→	縦組みの文字を一部横組みにしたい	162
Tip	48	→	文字を立体的にしたい	164
Tip	49	→	文字の種類によってフォントを変えたい	167
Tip	50	→	段落の区切りを表現したい	170

Tip 51	→	リーダー線を用いた料金表を作りたい	173
Tip 52	→	効率よく表を作りたい	176
Tip 53	→	文字に連動して伸縮する囲み罫を作りたい	179
Tip 54	→	ランダムに配置された文字を作りたい	182
Tip 55	→	旧字体や絵文字などを効率的に入力したい	184
Tip 56	→	いろいろなフォントを使いたい	186
Tip 57	→	ビュレット付きの箇条書きにしたい	189
Tip 58	→	アナログな風合いのあるタイトル文字を作りたい	192

Part 5 カラーの効率ワザ　　195

Tip 59	→	複数のカラーを一気に変えたい	196
Tip 60	→	フルカラーを特色2色に分けたい	200
Tip 61	→	カラーを効率よく管理したい	203
Tip 62	→	カラーバランスを維持しながら濃度を変更したい	205
Tip 63	→	版ごとの状態を確認したい	208
Tip 64	→	中間の色を手早く作りたい	210
Tip 65	→	補色や反転色にしたい	212
Tip 66	→	ランダムなモザイクパターンを作りたい	214
Tip 67	→	グラデーションの特定位置からカラーを取得したい	218
Tip 68	→	ワントーンのグラデーションを簡単に作りたい	220
Tip 69	→	リンクしたグレースケール画像を着色したい	223

Part 6 作業効率を上げるステップアップワザ　　227

Tip 70	→	標準にはない機能を追加したい	228
Tip 71	→	よく使うスクリプトをIllustratorにインストールしたい	231
Tip 72	→	平面に厚みをつけて奥行きを出したい	232
Tip 73	→	星座をイメージしたタイトル文字を作りたい	237
Tip 74	→	イラストにアナログ的な質感をプラスしたい	241
Tip 75	→	アーチにしたパス上文字のカーブを簡単に調整したい	244
Tip 76	→	決まった操作を自動化したい	247
Tip 77	→	テキストオブジェクトを改行ごとに分けたい	250

用語索引　　253

Part 1

ドキュメントの効率ワザ

Part 1　ドキュメントの効率ワザ

Tip 01

印刷入稿に必要なファイルを集めたい

［パッケージ機能を使って
リンク配置した画像やフォントなどを収集する］

通常の印刷用原稿は、Illustratorのファイルに加えて配置画像やフォントなどを一緒に入稿する必要があります。CS6（CC版）以降に搭載されたパッケージ機能を使えば、これらのファイルを1か所にまとめることが可能です。

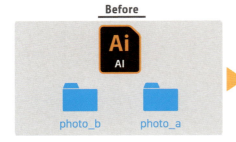

使用素材　[Tip01]folder→[Tip01_postcard.ai]

異なる場所から画像をリンクしている状態

1 ここでは、右のようなポストカードのデザイン（Tip01_postcard.ai）を使って、配置画像とフォントの収集を解説します。上下に6点の写真がリンクとして配置されており❶、中央に文字がレイアウトされています❷。

2 パッケージの機能をわかりやすくするため、上半分3点の写真は、Illustratorのドキュメントと同じ階層にある「photo_a」というフォルダー、下半分3点の写真は「photo_b」というフォルダーからのリンク配置としました。

3 手順2の状態をフォルダーで示すと、右図のようになります。同じドキュメントの中に、2か所の異なる場所からリンクした画像が混在しているという前提です。

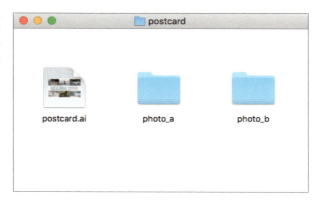

フォルダーを作って画像ファイルを1か所にまとめる

1 デスクトップにパッケージ収集用のフォルダーを作って、必要ファイルすべてをそこへコピーする前提で解説を進めます。パッケージ用のフォルダーは、あとから作成されるので事前に作っておく必要はありません。

【 Point 】
ここでは収集先フォルダーをデスクトップとしていますが、好みの場所で構いません。

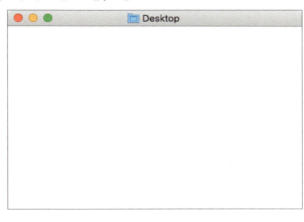

2 ［ファイル］メニュー→［パッケージ］を選択して、パッケージダイアログを開きます。［場所］の右にあるフォルダーのアイコン（パッケージフォルダーの場所を指定）をクリックして❶、デスクトップへ移動し❷、［選択］をクリックします❸。ここで指定した場所が、パッケージ収集用のフォルダーが作られる場所になります。

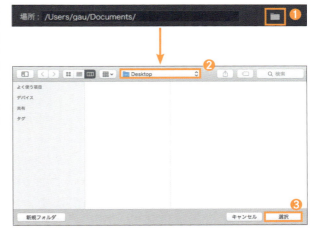

3 [フォルダー名]には、パッケージ収集用フォルダーの名前を入力します。ここでは、「ポストカード入稿データ一式」としておきましょう❶。[オプション]の設定は以下のとおりです。ここではすべてのチェックをオンにしておきます❷〜❻。

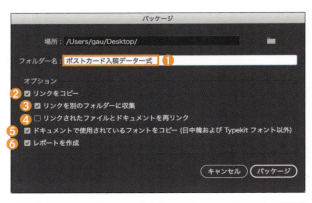

❷ リンクをコピー

リンクで配置された画像などを一緒に複製するかどうかの設定です。

❸ リンクを別のフォルダーに収集

オンになっていると、「Links」というフォルダーが作られ、その中に配置画像がすべてまとめられます。

❹ リンクされたファイルとドキュメントを再リンク

収集前のオリジナル画像へのリンクを維持するか、新しく「Links」に収集した画像へリンクを更新するかを指定できます。ここではオンにしておきます。

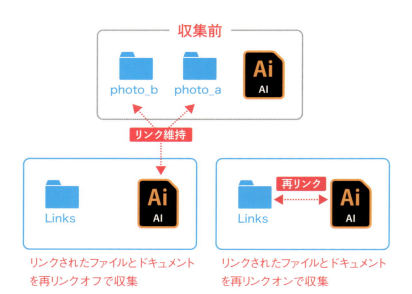

❺ ドキュメントで使用されているフォントをコピー

ドキュメント内のフォント一式を収集します。ただし、CJK（日中韓）のフォントとTypekitから同期しているフォントは、ライセンスなどの関係でコピーできません。

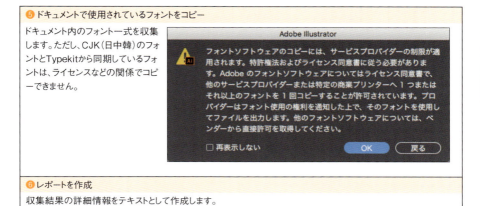

❻ レポートを作成

収集結果の詳細情報をテキストとして作成します。

4 最後に、[パッケージ]をクリックすると収集が実行されます。収集後に表示されるメッセージの[パッケージを表示]をクリックすると❶、収集したフォルダーを直接表示して中身を確認できます❷。このまま入稿する場合は、レポートのテキストも一緒に同梱しておくとよいでしょう。

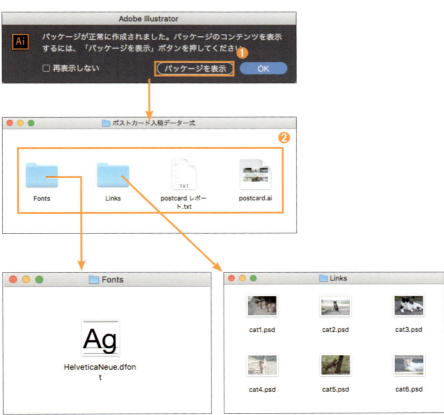

Part 1　ドキュメントの効率ワザ

Tip 02

不要なシンボル、ブラシ、スウォッチを一括削除したい

未使用項目を削除するアクションを あらかじめ作成して実行する

印刷用として入稿するドキュメントには、なるべく余分なものを残しておかないのが基本マナーです。シンボル、ブラシ、スウォッチなどを一括削除するアクションをあらかじめ作っておくとよいでしょう。

Before

After

アクションを作成する

1 ［アクション］パネルから［新規セットを作成］をクリックします❶。［名前］を入力して（ここでは「データ管理」）❷、［OK］をクリックします❸。アクション一覧に［データ管理］というアクションセットが追加されました❹。

(Point)
アクションについての詳細は、P.247「76 決まった操作を自動化したい」も参考にしてください。

② 追加された[データ管理]を選択して①、[新規アクションを作成]をクリックします②。

③ [新規アクション]ダイアログが表示されます。[名前]を入力して(ここでは「未使用項目を削除」)①、[セット]を[データ管理]とし②、[記録]をクリックします③。これで、アクションの記録モードになりました。これから先は、操作した内容がアクションとして記録されていくため、余分な操作をしないように注意しましょう。

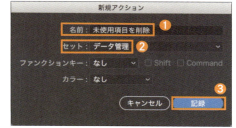

④ まず、不要なシンボルを削除するアクションを追加します。[シンボル]パネルのパネルメニューから①、[未使用項目を選択]を選択し②、続いて[シンボルを削除]をクリックします③。確認ダイアログが表示された場合は[はい]をクリックすると、ドキュメント内で使っていないシンボルがすべて削除されます。

未使用のシンボルが選択される

5 続いて、不要なブラシを削除します。手順❹と同様に、[ブラシ]パネルのパネルメニューから❶、[未使用項目を選択]を選択し❷、続いて[ブラシを削除]をクリックします❸。確認ダイアログが表示された場合は[はい]をクリックすると、ドキュメント内で使っていないシンボルがすべて削除されます。

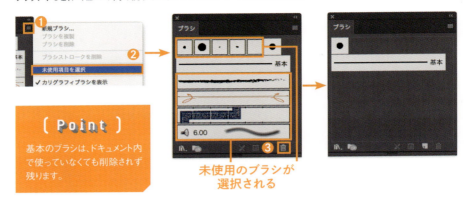

[Point]
基本のブラシは、ドキュメント内で使っていなくても削除されず残ります。

未使用のブラシが選択される

6 最後に、不要なスウォッチの削除です。これも先ほどまでと同じく、[スウォッチ]パネルのパネルメニューから❶、[未使用項目を選択]を選択し❷、続いて[スウォッチを削除]をクリックします❸。確認ダイアログが表示された場合は[はい]をクリックすると、ドキュメント内で使っていない不要なスウォッチがすべて削除されます。

[Point]
レジストレーションと白、黒のカラースウォッチは、ドキュメント内で使っていなくても削除されず残ります。

未使用のスウォッチが選択される

7 [アクション]パネルの[再生/記録を中止]をクリックして記録を終わります❶。これで、アクションは完成です。各アクションの名前の左に表示されている四角のアイコンは、確認用のダイアログを表示するオプションです❷。クリックしてすべてオフにしておくと❸、確認ダイアログを省略して最後まで一気に実行可能です。

アクションを使用する

1. 実際にアクションを使ってみましょう。[ファイル]メニュー→[新規]を選択します。[印刷]のタブをクリックして❶、[A4]を選択し❷、[作成]をクリックします❸。

2. バージョン違いで新規ドキュメントのダイアログが異なるときは、[プロファイル]を[プリント]❶、[サイズ]を[A4]に設定して❷、[ドキュメント作成]をクリックします❸。

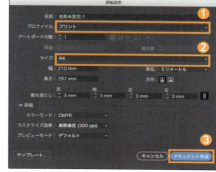

3. 作成した新規ドキュメントには、標準のシンボル、ブラシ、スウォッチがあります。これらを先ほどのアクションで削除してみましょう。[アクション]パネルから[未使用項目を削除]を選択し❶、[選択項目を実行]をクリックします❷。処理が完了したら、[シンボル]パネル、[ブラシ]パネル、[スウォッチ]パネルを確認してみましょう。余分なものがすべて削除されています。

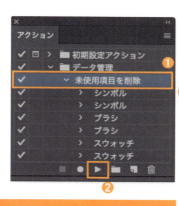
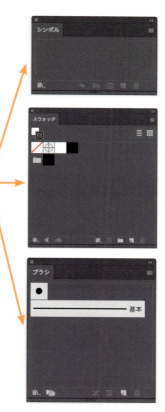

(Point)

1回のアクション実行だと、未使用項目が削除されずに残ってしまうことがあります。そのときは、アクションを再度実行してみましょう。普段から2回実行するようにしておけば確実です。または、アクションとして同じ処理を2回実行するように、あらかじめ記録しておいてもよいでしょう。

Part 1　ドキュメントの効率ワザ

2ページ以上の原稿を作りたい

↓

[新規ドキュメント作成や[アートボード]パネルで
アートボードを追加する]

通常、新規作成されたドキュメントにアートボードは1つしかありませんが、Illustratorでは、複数のアートボードを扱うことができます。ここでは、基本的なアートボードの使い方を解説します。

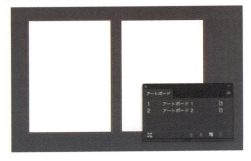

アートボードを作成して位置やサイズを調整する

1 まず、新規ドキュメントを作成する際にアートボードの数を決める方法です。[ファイル]メニュー→[新規]を選択します。[印刷]のタブをクリックして❶、[A4]を選択し❷、右側の[プリセットの詳細]の[アートボード]を[2]に設定して❸、[作成]をクリックします❹。アートボードが2つ並んだ新規ドキュメントが作成されました。

[Point]

CC 2015.x以前のバージョンでは、[プリセット]から[プリント]を選択し、[サイズ]を[A4]にしてから[アートボードの数]を[2]にして[OK]をクリックします。また、新しいバージョンでも従来どおりの新規ダイアログを使いたいときは、[Illustrator]（Windowsは[編集]）メニュー→[環境設定]→[一般]の[以前の「新規ドキュメント」インターフェイスを使用]をオンにしておきます。

2️⃣ 現在のドキュメントに存在するアートボード一覧は、[アートボード]パネルから確認できます。[アートボード]パネルでいずれかを選択したあと、右端のアイコンをクリックすると❶、該当アートボードの詳細設定ダイアログ（[アートボードオプション]）が表示されます❷。ここでは、アートボードに関するさまざまな情報を確認、設定できます。

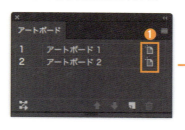
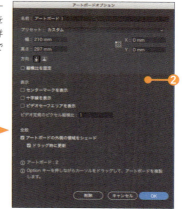

3️⃣ アートボードの位置やサイズを変更するときは、[アートボードツール]を使います。対象のアートボードをドラッグして自由に位置を移動したり❶、選択したアートボードの周囲のハンドルをドラッグしてサイズを変更したりします❷。また、[コントロール]パネルで数値やプリセットを使った指定もできます❸。

[Point]
手順❷で紹介したアートボードの詳細設定ダイアログを使っても、位置やサイズなどを指定可能です。

アートボードを追加／再配置する

1️⃣ 新しくアートボードを追加するにはいくつか方法がありますが、[アートボード]パネルの[新規アートボード]をクリックするのがもっとも簡単でしょう❶。現在アクティブなものと同じサイズのアートボードが追加されます。手動で自由なサイズのアートボードを追加したいときは、[アートボードツール]でペーストボード（アートボードの外の領域）をドラッグします❷。

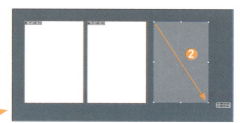

[Point]
ドキュメント上のアートボードで、外枠が黒のものがアクティブ、薄いグレーものもが非アクティブです。アートボードのどこかをクリックすることで、アクティブになります。アクティブなアートボードは、常に1点のみです。

2　[アートボード]パネルの[新規アートボード]をクリックして❶、新規アートボードを追加し、全部で10個にしてみましょう❷。新しいアートボードは、常に右方向の空きスペースに1列で追加されていきます。

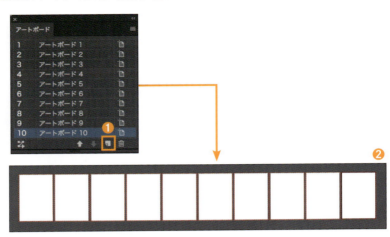

3　アートボードの数が増えてくると作業がしづらくなります。このようなときは、[アートボード]パネルのパネルメニュー❶を開き、[すべてのアートボードを再配置]を選択して❷、アートボードを再配置します。

(Point)

CC 2017までは、メニューの項目が[アートボードの再配置]となっていますが同じ機能です。また、CC 2018では、パネル左下にある[すべてのアートボードを再配置]のアイコンをクリックしてもOKです。

4　表示される[すべてのアートボードを再配置]ダイアログでは、レイアウトの方向や折り返しの有無、1列分のアートボード数、配置の間隔などを指定できます。[オブジェクトと一緒に移動]がオンになっていると❶、アートボードに含まれるオブジェクトを同時に移動できるため、通常はオンにしておくとよいでしょう。ここでは、[レイアウト]を[横に配列]、[横列数]を[5]、[間隔]を[20mm]に設定しました❷。最後に[OK]をクリックします❸。

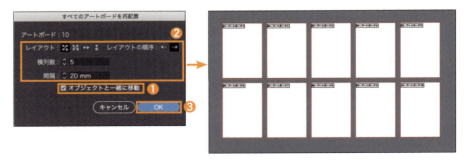

Part 1　ドキュメントの効率ワザ

Tip 04

アートボードの内容を画像として書き出したい

［スクリーン用に書き出し］を使って書き出す（CC 2015.3以降）

［スクリーン用に書き出し］の機能を使うと、PNG や JPEG、SVG などへの柔軟な書き出しができます。

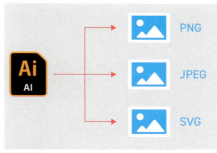

使用素材 [Tip04]folder→[Tip04_banner.ai]

アートボードにデザインを作成する

1　まず、新規ドキュメントを作成しましょう。[ファイル]メニュー→[新規]を選択します。[Web]のタブをクリックして❶、[共通項目]を選択し❷、右側の[プリセットの詳細]で[幅]を[600]に❸、[高さ]を[200]に❹、[アートボード]を[2]に設定して❺、[作成]をクリックします❻。アートボードが2つ並んだ新規ドキュメントが作成されます。

[Point]

CC 2015.x以前のバージョンでは、[プリセット]から[Web]を選択し、[幅]を[600]、[高さ]を[200]にしてから[アートボードの数]を[2]にして[ドキュメント作成]（または[OK]）をクリックします。また、新しいバージョンでも従来どおりの新規ダイアログを使いたいときは、[Illustrator]（Windowsは[編集]）メニュー→[環境設定]→[一般]の[以前の「新規ドキュメント」インターフェイスを使用]をオンにしておきます。

2 アートボードにデザインを作成します（Tip04_banner.ai）。今回は、ウェブサイトで使うバナーをイメージしたデザインとしました。2つのアートボードそれぞれに、異なるバリエーションを作成しています。これらを画像として書き出してみましょう。

アートボードの内容を画像として書き出す

1 ［ファイル］メニュー→［書き出し］→［スクリーン用に書き出し］を選択します。書き出し用のダイアログが開いたら、［アートボード］のタブをクリックします❶。現在ドキュメントに存在するアートボードが、サムネイルとして一覧表示されます。この中で書き出したいものをクリックし、チェックしてオンにします❷。ここでは、2点両方ともにオンにしました。

2 アートボードのサムネイル下にある文字をクリックすると❶、書き出し後のファイル名を設定できます。拡張子は書き出しの形式に合わせて自動で追加されるので、ここでは不要です。それぞれを「banner_1」、「banner_2」としておきます❷。

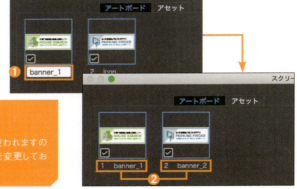

[Point]
初期設定ではアートボード名が使われますので、あらかじめアートボードの名前を変更しておいてもOKです。

3 ［書き出し先］の右にあるフォルダーのアイコンをクリックして❶、書き出し先となる場所を選択します。その下の［書き出し後に場所を開く］をオンにすると❷、完了後に対象フォルダーが表示されるので便利です。［サブフォルダーを作成］は、書き出しするフォーマットを分類するため個別のフォルダーを作成し、その中に画像を書き出します❸。ここでは、両方をオンにしておきましょう。

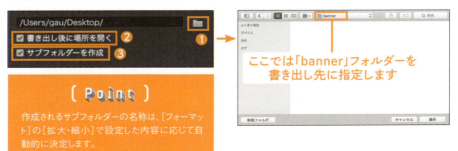

[Point]
作成されるサブフォルダーの名称は、［フォーマット］の［拡大・縮小］で設定した内容に応じて自動的に決定します。

4　［フォーマット］では、書き出しする画像の詳細を設定します。この一覧にある項目の数だけ画像が書き出されます。例えば、ここに3つの項目があれば、最終的に書き出しされる画像は3点になります。［＋スケールを追加］をクリックすることで❶、書き出しする画像のフォーマットを増やすことが可能です。削除するには、項目の右端にある［×］をクリックします❷。

5　［フォーマット］の詳しい項目を見てみましょう。［拡大・縮小］は、書き出す画像の大きさです❶。［1x］だと等倍、［2x］だと2倍といった形で指定します。倍率の他、［幅］や［高さ］の絶対値や［解像度］の指定も可能です。［サフィックス］は、書き出したファイル名のあとに追加する文字列です❷。［形式］では、画像形式を指定します。ここでは、右の図のような3項目に設定しました❸。

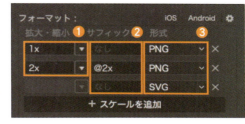

(Point)

ウェブデザインやアプリのデザインでは、高解像度ディスプレイに対応するため、同じ画像を1倍～4倍サイズで同時に書き出すことも少なくありません。

6　［アートボードを書き出し］をクリックすると、指定した内容で画像の書き出しが実行されます。終了したら、［書き出し先］で設定したフォルダーが自動的に開きます❶。等倍の画像は「1x」❷、2倍の画像は「2x」❸、SVGの画像は「SVG」のサブフォルダー❹にそれぞれ書き出しされていることがわかります。

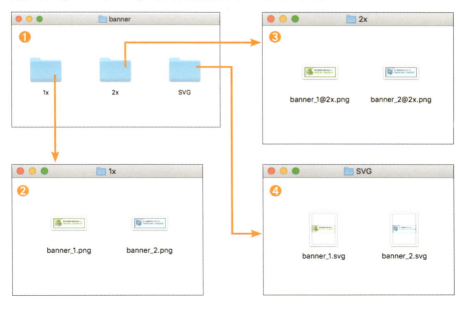

Part 1　　ドキュメントの効率ワザ

すべてのアートボードにオブジェクトをペーストしたい

[[すべてのアートボードにペースト]を実行する]

複数アートボードを使ってデザインをしているとき、すべての同じ位置に同じパーツを配置したいことがあります。[すべてのアートボードにペースト]を実行すると、一度に同じ位置へのペーストができます。

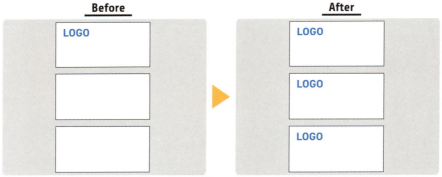

使用素材 [Tip05] folder→[Tip05_namecard.ai／Tip05_logo.ai]

アートボードごとに管理しているドキュメントを用意する

1 ここでは、名前と役職だけが異なる複数の名刺を、アートボードごとに管理しているドキュメントを用意しました（Tip05_namecard.ai）。名刺は6人分で、アートボードもそれに準じて6点になっています。この名刺の右上スペースにロゴを配置してみましょう。当然、ロゴはすべての名刺の同じ位置に配置する必要があります。

ロゴはすべてのアートボードにペーストする

1 ロゴのデータ（Tip05_logo.ai）を開き、選択してコピーします❶。名刺のドキュメントに戻ってロゴをペーストして、6点の左上の名刺を使って位置や大きさを調整しながらレイアウトします❷。レイアウトが決まったら、ロゴを選択して［編集］メニュー→［カット］を選択するか、command（Ctrl）＋ X でカットします❸。

(Point)
コピーではなくカットをするのは、次の工程ですべてのアートボードにペーストした際、コピー元のロゴとペーストしたロゴが重複するのを避けるためです。

2 ［編集］メニュー→［すべてのアートボードにペースト］を実行します。6点すべての名刺の同じ位置に、ロゴがペーストされました。

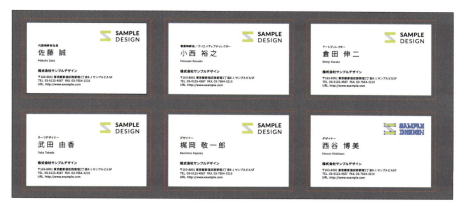

Part 1 ドキュメントの効率ワザ

Tip 06

単位を素早く切り替えたい

[定規を右クリックして目的の単位を選択する]

ドキュメントで使っている単位を作業中に変更したいことはよくあります。単位は通常[環境設定]の[単位]で設定しますが、定規を右クリックすることでも素早く変更できます。

Before

After

単位を確認する

1 まず、現在の単位が何になっているか確認しておきましょう。[Illustrator]（Windowsは[編集]）メニュー→[環境設定]→[単位]を選択します。[一般]、[線]、[文字]、[東アジア言語のオプション]という4つの項目がありますが、オブジェクトのサイズや変形など、一般的な作業で使われているのが[一般]の単位です。ここでは[ミリメートル]にしておきます。

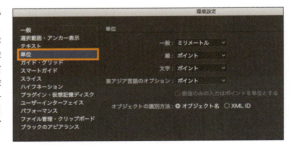

> **[Point]**
>
> [一般]以外の単位をよく変更するときは、[単位]の環境設定を開くキーボードショートカット、command / Ctrl + shift + U は、覚えておくとよいでしょう。

2　［変形］パネルを開き、現在の単位を確認してみましょう。適当なオブジェクトを作成して選択すると❶、すべての値が「mm」になっていることがわかります❷。

単位を変更する

1　［表示］メニュー→［定規］→［定規を表示］を選択するか、command（Ctrl）+Rを押してドキュメントに定規を表示しておきます。ウィンドウの左と上に定規が表示されました。

【 Point 】
定規の表示、非表示はよく使うので、command（Ctrl）+Rのキーボードショートカットを覚えておくとよいでしょう。

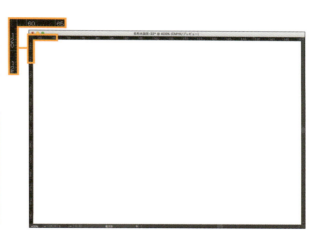

2　定規を右クリックすると、単位を選択するメニューが開きます❶。目的の単位を選択すれば変更完了です。ここでは［ピクセル］を選択しました❷。再度［変形］パネルで、単位が変更されているか確認してみましょう。

【 Point 】
CC 2018では、［選択ツール］使用時にすべての選択を解除しておくと、［プロパティ］パネルに単位を変更するメニューが表示されます。

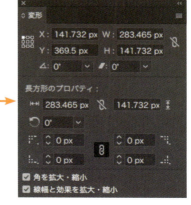

Part 1 　ドキュメントの効率ワザ

透明の範囲をわかりやすく表示したい

［ 透明グリッドを表示する ］

通常アートボードの背景は白で表示されますが、ウェブデザインなどでは背景が白なのか透明なのか判断しないといけないことも少なくありません。透明グリッドを使うと、透明の範囲をわかりやすく表示できます。

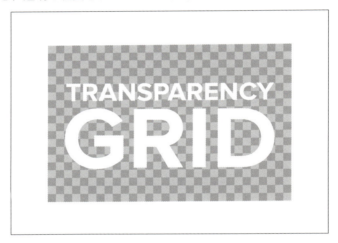

白い長方形を作成する

1 アートボード内に適当な大きさの長方形を作成し❶、線を［なし］、塗りを［白］にして❷、選択を解除します。通常、アートボードの背景は白色として表示されるため、選択を解除してしまうと先ほど作成した白い長方形がどこにあるのか分からなくなってしまいます。

28

透明グリッドを表示する

1. [表示]メニュー→[透明グリッドを表示]を選択します。透明の範囲には格子模様が表示され、背景の範囲がわかりやすくなりました。先ほど作成した白の長方形の位置も確認できます。再び同じメニュー項目を選択すると、元の状態に戻ります。

(Point)

キーボードショートカット、command (Ctrl)＋ shift ＋ D キーでも切り替えできます。

2. 透明グリッドの色や細かさは、[ファイル]メニュー→[ドキュメント設定]を選択し、[全般]の[透明とオーバープリントのオプション]で変更できます❶。明るい色のオブジェクトが多いときは暗く、暗い色のオブジェクトが多いときは明るくしておくとよいでしょう。画面は[グリッドカラー]を[中]に設定しています❷。

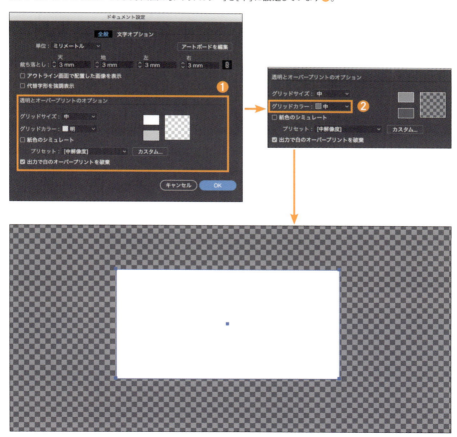

Part 1　　ドキュメントの効率ワザ

Tip
08

ピクセルを使った表示にしたい

⬇

[ピクセルプレビューモードを有効にする]

デジタルで使う画像を作成するときは、最終的にラスター（ビットマップ）形式で書き出すことが少なくありません。作業中にピクセルプレビューをオンにしておくと、100％以上の表示でピクセルを使った表示になります。

Before
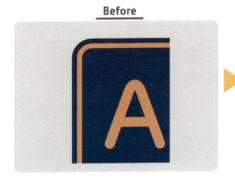

▶

After

使用素材 [Tip08]folder→[Tip08_icon.ai]

表示状態を確認する

1 右のアイコン（Tip08_icon.ai）を使って表示の状態を確認してみましょう。まず、[表示]メニュー→[100％表示]を選択するか、command（Ctrl）＋1キーを押して画面のズーム倍率を100％にしておきます。

2 [ズームツール]でAiのアイコン左上あたりをクリックし、画面ズームの倍率を高くします。クリックごとに倍率が高くなるので、何度かクリックして拡大していきましょう。

30

3 Illustratorのデータは、ベクター形式で構成されているため、どれだけ拡大してもラインは滑らかに表示されます。

ピクセルプレビューを有効にする

1 再び[表示]メニュー→[100%表示]を選択するか、command（Ctrl）+1キーで倍率を100%に戻し、[表示]メニュー→[ピクセルプレビュー]を選択してチェックをオンにします。

2 左ページの手順2と同様に、[ズームツール]でAiのアイコン左上あたりをクリックし、画面ズームの倍率を高くします。今度は、100%より大きくすることでデータがモザイク状に表示されます。画像をラスターに変換したときの状態がわかるため、最終的にラスター（ビットマップ）形式で書き出す画像などの精密な作業で役に立ちます。

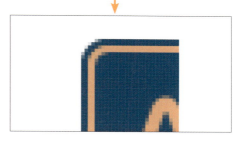

[Point]

画面の倍率を大きくしたときに表示される薄いグリッドは、ピクセルグリッドと呼ばれるものです。[Illustrator]（Windowsは[編集]）メニュー→[環境設定]→[ガイド・グリッド]の[ピクセルグリッドを表示（600%ズーム以上）]でオン／オフを切り替えできます。

Part 1　　ドキュメントの効率ワザ

ウェブやアプリ用の画像としてパーツを書き出したい

［アセットの書き出し］パネルを使って任意の画像に書き出しする（CC 2015以降）

ウェブやアプリのデザインをするときは、パーツだけを画像として書き出す必要があります。CC 2015以降のバージョンで搭載された、［アセットの書き出し］パネルを使うのが便利です。

使用素材　[Tip09]folder→[Tip09_webpage.ai]

書き出し元のデザインカンプを確認する

1 ウェブページのデザインカンプ（Tip09_webpage.ai）から、アイコンの画像だけを書き出ししてみます。このデザインの中には、円で囲まれたアイコンが合計5点あります。なお、今回利用するアセットの書き出し機能では、グループ単位を個別のアセット（素材）として認識するので、事前の準備として、1つのアイコンを1つのグループにしておきましょう。

これらのアイコンを書き出す

アセットの書き出しパネルにアイコンを登録する

1 ［アセットの書き出し］パネルを開き、5点のアイコンをすべて選択してパネルにドラッグ&ドロップします。

2 パネル上部に、アイコンがアセットとして登録されます❶。登録した直後は、「アセット（数字）」という形で自動的に名前が決まります❷。

3 このアセット名は、書き出ししたあとのファイル名になるので、半角英数に書き替えておきましょう。名前の文字をクリックして変更ができます❶。ここでは、「icon_1」から「icon_5」とします❷。

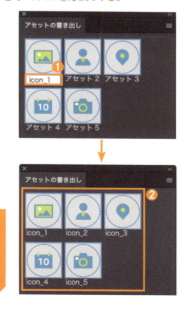

〔 Point 〕

アセットの名前を一括して変更する方法はありません。なお、シンボルインスタンスをアセットに登録した場合は、シンボル名がアセット名として使われます。

登録したアイコンを書き出す

1 パネル下部にあるのが［書き出し設定］です。ここの一覧にある項目の数だけ、画像が書き出されます。例えば、ここに3つの項目があれば、最終的に書き出す画像は3種類となります。［＋スケールを追加］をクリックすることで❶、書き出しする画像のフォーマットを増やすことが可能です。削除するには、項目の右端にある［×］をクリックします❷。

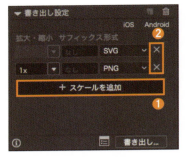

2 ［拡大・縮小］は、書き出す画像の大きさです❶。［1x］だと等倍、［2x］だと2倍のように指定します。倍率のほか、［幅］や［高さ］の絶対値や［解像度］の指定も可能です。［サフィックス］は、書き出したファイル名のあとに追加する文字列です❷。［形式］では、画像形式を指定します❸。ここでは、右の図のように3項目を設定しました。

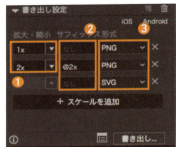

3 ［アセットの書き出し］パネルのパネルメニューから❶、［形式の設定］を選択すると❷、書き出す画像の詳細設定が行えます。

4 左列の一覧で画像の形式を選択すると❶、右に対応した設定が表示されます❷。PNGの透過や、JPEGの画質などはここで設定します。今回は、何も変更せずに［キャンセル］しておきましょう❸。

5 パネル右下の[書き出し]をクリックすると、書き出す場所を選択する画面になります。ここでは、デスクトップに[images]というフォルダーを作って書き出し先に指定しましょう❶。[選択]をクリックすると❷、書き出しが実行されます。

6 パネルメニューの[サブフォルダーを作成]がオンになっていると、設定に応じたサブフォルダーを自動で作成し、その中にそれぞれを書き出します。

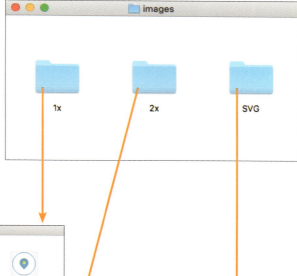

[Point]

[アセットの書き出し]パネルのパネルメニューの[書き出し後に場所を開く]がオンになっていると、実行後に書き出したフォルダーが自動的に表示されるので便利です。

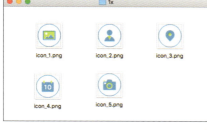

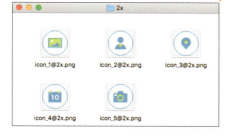

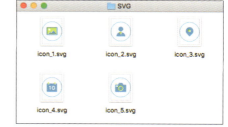

Part 1 ── ドキュメントの効率ワザ

よく使う新規ドキュメントの設定を保存したい

↓

[カスタマイズしたドキュメントを
プロファイル用のフォルダーに保存する]

Illustrator には、デフォルトで新規ドキュメントのプロファイルがいくつか用意されていますが、自分でよく使う設定をオリジナルのプロファイルとして追加しておくと、素早く作業を開始できます。

オリジナルのプリセットを作る準備をする

1 ［ファイル］メニュー→［新規］を選択します。新規ドキュメントダイアログが表示されるので、画面右下の［詳細設定］をクリックします。

2 詳細設定ダイアログが表示されます。ここで、［プロファイル］をクリックして表示されるメニューが、現在利用できるプロファイルになります。ここでは、この中にある［プリント］をカスタマイズしてオリジナルのプリセットとして追加してみます。

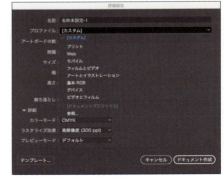

3 [プロファイル]を[プリント]に❶、[サイズ]を[A4]に設定し❷、[ドキュメント作成](旧バージョンでは[OK])をクリックします❸。A4サイズのアートボードで、新規ドキュメントが作成されました。

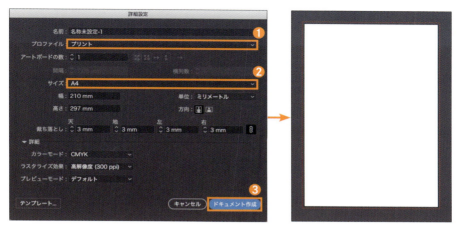

ドキュメントをカスタマイズする

1 今回のプロファイルで作成したドキュメントには、シンボルやブラシ、スウォッチなどがデフォルトで数種類含まれていますが、これらを通常のデザイン作業で使うことはほとんどありません。それぞれのパネルのパネルメニューから[未使用項目を選択]を実行し、不要なものをすべて削除しておきます。なお、新規ドキュメントに含めておきたいシンボルやブラシ、スウォッチなどがあれば、この時点で追加しておいても構いません。

(Point)
未使用項目の削除については、P.14「02 不要なシンボル、ブラシ、スウォッチを一括削除したい」を参考にしてください。

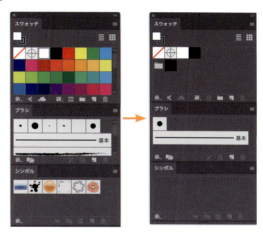

2 続いて、文字関連の単位として[級]と[歯]を使うようにしておきましょう。[Illustrator](Windowsは[編集])メニュー→[環境設定]→[単位]を選択し、[文字]を[級]❶、[東アジア言語のオプション]を[歯]と設定して❷、[OK]をクリックします❸。

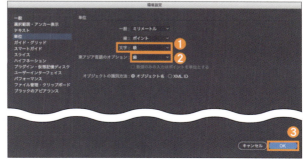

3 [表示]メニュー→[定規]→[定規を表示]を選択し、定規を表示しておきます。こうしておくことで、新規ドキュメント作成直後から定規が表示された状態になります。ここまでで、オリジナルのプロファイルを作るためのカスタマイズが完成です。

ドキュメントをプロファイルとして保存する

1 [ファイル]メニュー→[別名で保存]を選択し、保存のダイアログを表示します。プロファイルとして追加するには、所定の場所にドキュメントを保存する必要があります（下記参照）。なお、ファイル名がプロファイルの名前になるので、ここでは[プリント（シンプル）.ai]というファイル名にして❶、保存しておきます❷。

> ■プロファイルの保存先
> ・macOSの場合（CC 2018）
> Macintosh HD/ユーザ/＜ユーザ名＞/アプリケーション/Adobe Illustrator ＜バージョン＞/Support Files/New Document Profiles
> ・Windowsの場合（CC 2018）
> C:¥Program Files¥Adobe¥Adobe Illustrator ＜バージョン＞¥Support Files¥Required¥New Document Profiles¥ja_JP

(Point)

OSの種類やバージョンによって、保存先のフォルダーが不可視（非表示）になっていることがあります。対象フォルダーが見つからないときは、事前に表示するように設定しておきましょう。また、手順❶の保存時にオプション画面が表示された場合は、通常の保存と同じく内容を確認して[OK]をクリックします。

2 Illustratorを再起動します。続いて、[ファイル]メニュー→[新規]を選択して、従来の新規ドキュメントダイアログを表示し、[詳細設定]をクリックします。

3 詳細設定ダイアログが表示されます。[プロファイル]のメニューを開き❶、先ほど保存した[プリント（シンプル）]を選択して❷、[ドキュメント作成]をクリックします❸。

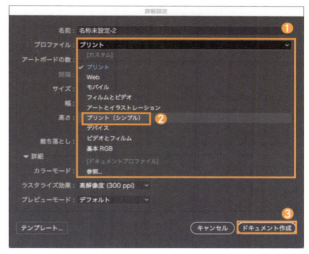

4 今回、カスタマイズした内容が反映された状態で作業を開始できます。

Part 1　ドキュメントの効率ワザ

定型のデザインを雛形として利用したい

↓

雛形になるドキュメントを
テンプレート形式で保存する

決まったベースデザインから作業を開始したいときは、テンプレートの機能を使うと効率的です。ドキュメントをテンプレート形式で保存しておけば、定型のデザインをベースに新規ドキュメントを作成できます。

使用素材　[Tip11]folder→[Tip11_postcard.ai]

テンプレートを作成する

1 今回は、官製ハガキの裏表のテンプレートを作成してみます。なお、テンプレートの完成素材を準備していますのでそちらを使っても構いません（Tip11_postcard.ai）。[ファイル]メニュー→[新規]を選択します。[印刷]のタブをクリックし❶、[幅]を[100mm]❷、高さを[148mm]❸、[アートボード]を[2]として❹、[作成]をクリックします❺。ハガキサイズのアートボードが2つある新規ドキュメントが作成されました。

[Point]

CC 2015.x以前のバージョンでは、[プリセット]から[プリント]を選択し、[幅]を[100mm]、高さを[148mm]、[アートボードの数]を[2]にして[OK]をクリックします。

2　左のアートボードを宛名面、右のアートボードをデザイン面とします。[アートボード]パネルを開き、[1]のアートボードの名前を「宛名面」に❶、[2]を「デザイン面」に変更します❷。

3　[レイヤー]パネルでレイヤーの名前をダブルクックして「ベース」に変更し❶、宛名面のアートボードに、送り先と送り主の郵便番号の枠、切手の枠、郵便はがきの文字を配置します❷。完了したら、「ベース」レイヤーはロックしておきましょう❸。

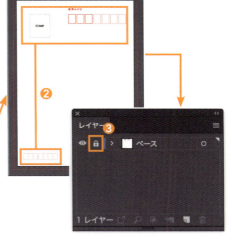

4　[新規レイヤーを作成]をクリックして❶、「文字」という新規レイヤーを作成し❷、宛名面の郵便番号や住所、送り主の文字を追加します❸。実際に使用するときは、この文字をテンプレートとして書き替えるようになるので、内容はダミーにしておきます。

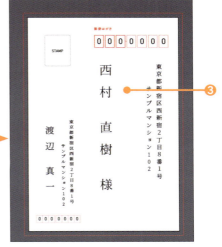

5 すべてのデザインが完了したら、[ファイル]メニュー→[テンプレートとして保存]を選択します。保存する場所はどこでも構いません。今回は、デスクトップに「Illustratorテンプレート」というフォルダーを作成し❶、そこに保存するようにします❷。[名前]を「官製はがきテンプレート.ait」として❸、[保存]をクリックします❹。

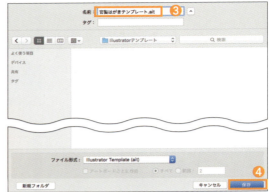

[Point]
通常のIllustratorファイルの拡張子は「.ai」ですが、テンプレートの場合は「.ait」となります。

テンプレートを使って新規ドキュメントを作成する

1 先ほど保存したテンプレートを利用して、新規ドキュメントを作成してみます。[ファイル]メニュー→[テンプレートから新規]を選択するか、[ファイル]メニュー→[新規]を選択し、[詳細設定]をクリックして❶、[テンプレート]をクリックします❷。

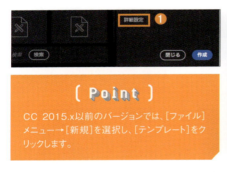

[Point]
CC 2015.x以前のバージョンでは、[ファイル]メニュー→[新規]を選択し、[テンプレート]をクリックします。

2 「官製はがきテンプレート.ait」を選択して❶、[新規]をクリックします❷。先ほど作成したデザインが最初から入った状態の新規ドキュメントが作成されました。テンプレートは既存のファイルを開くのと異なり、完全に新規ドキュメントとして作成されるため、元データを上書き保存してしまう心配がありません。

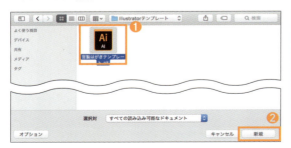

Part 2

オブジェクト・画像の効率ワザ

Part 2　オブジェクト・画像の効率ワザ

Tip 12

形を調整しやすい和風の雲模様を作りたい

↓

［ ワープ効果で長方形からカプセル形状を作り、複合シェイプとして組み合わせる ］

和の雰囲気を演出したいとき手軽に使える雲模様。一見単純そうに見えますが、思った通りの形に調整するのが意外と面倒です。ワープや複合シェイプを使って、調整しやすい作りにしておくといいでしょう。

ベースとなる長方形を作成する

1　今回ベースとして使うオブジェクトは、大きさの違う2種類の長方形です。［長方形ツール］を選択してアートボード上をクリックし、［幅］が［20mm］、［高さ］が［8mm］の長方形と❶、［幅］が［10mm］、［高さ］が［5mm］の長方形を作成します❷。見分けがつきやすいように、大きい方を赤、小さい方を黄緑にしました。色の数値は適当で構いません。

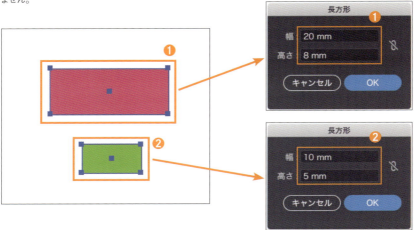

2 赤の長方形が3つ、黄緑の長方形が2つとなるように、それぞれを複製して縦に交互に並べます。今の時点では、それぞれの間隔や左右揃えなどは適当で大丈夫です。

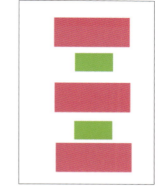

> **（ Point ）**
> option（Alt）キーを押しながら、[選択ツール]で長方形をドラッグすると複製できます。

カプセル形状を作成する

1 赤の長方形だけをすべて選択し❶、[効果]メニュー→[ワープ]→[でこぼこ]を選択します。[垂直方向]を選択し❷、[カーブ]を[100%]に設定して❸、[OK]をクリックします❹。長方形の両サイドが円形に膨らみました❺。

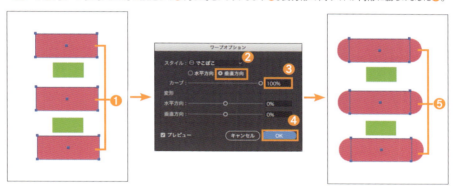

2 今度は黄緑の長方形だけを選択し❶、同じく[効果]メニュー→[ワープ]→[でこぼこ]を選択します。[垂直方向]を選択し❷、今度は[カーブ]を[-100%]に設定して❸、[OK]をクリックします❹。両サイドが凹みました❺。このように、カーブの値によって凸凹の形状を変えることができます。

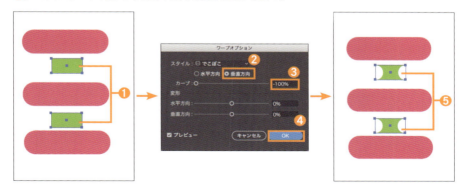

3. 赤と黄緑すべての長方形を選択し、[選択ツール]で一番上の赤の長方形をクリックします❶。クリックした長方形は、選択の枠が太く表示されます❷。これは、整列や分布の基準となる「キーオブジェクト」に指定されていることを表します。

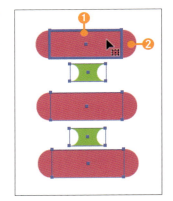

[Point]
「キーオブジェクト」は、整列や分布によって動かないオブジェクトです。

4. [整列]パネルを開き、[等間隔に分布]の間隔値を[0mm]に設定して❶、[垂直方向等間隔に分布]をクリックします❷。こうすることで、すべてのオブジェクトを隙間なく密着できます。

[Point]
[等間隔に分布]の項目が表示されていないときは、パネルメニューから[オプションを表示]を選択します。

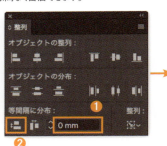

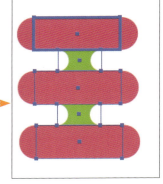

複合シェイプとして組み合わせる

1. すべてを選択した状態で、[パスファインダー]パネルの[形状モード]の[合体]を option (Alt)キーを押しながらクリックします❶。変化がわかりづらいですが、すべてが1つにまとまりました❷。合体の結果、オブジェクトは「複合シェイプ」と呼ばれる特殊なグループになります。複合シェイプでは、結果は合体した1つのオブジェクトとして扱われますが、オブジェクト自体は個別にわかれたまま残るので再編集が可能です。

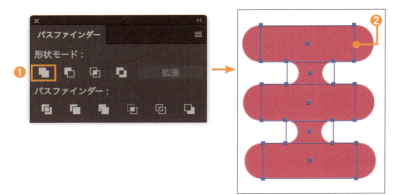

2 　［ダイレクト選択ツール］を使うと、合体前の長方形を個別に選択できます❶。この状態で［表示］メニュー→［バウンディングボックスを表示］を選択すると、オブジェクトの周辺にハンドルと呼ばれる白い四角形が8点表示されます。右辺中央のハンドルをつかんで❷、右方向へドラッグしてみましょう❸。凹凸形状を崩さずに幅を簡単に調整できます。同じ要領で他の長方形の幅も調整して、好みの形に仕上げます。最後に、塗りの色を変更して完成です。

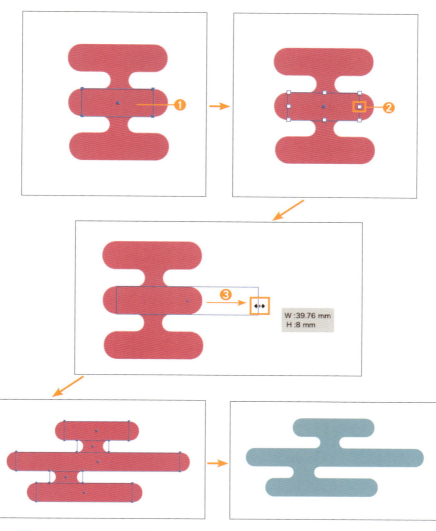

[Point]

合体の結果を実際のオブジェクトに反映させたいときは、複合シェイプのオブジェクトを選択した状態で、［パスファインダー］パネルの［拡張］をクリックします。

Part 2　オブジェクト・画像の効率ワザ

シールド風のエンブレムを作りたい

↓

ワープ効果を組み合わせて使って シールドのふくらみを表現する

盾のような形状をしたエンブレムのデザイン。曲線の具合を調整しながら形のバランスを検討するときに、ワープ効果を組み合わせていくと効率的です。

エンブレムのベースを作成する

1 ［長方形ツール］を選択してアートボード上をクリックします。［幅］を［60mm］、［高さ］を［40mm］に設定して❶［OK］をクリックし❷、長方形を作成します。

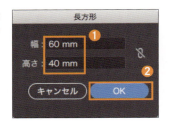

2 続いて、［塗り］を［なし］❶、［線］のカラーを［C0 M0 Y0 K100］に設定し❷、［線幅］を［6pt］に設定します❸。

48

ベースの長方形をアレンジしていく

1 手順②までの操作で右の長方形ができあがります。今回はこの長方形オブジェクト1点のみをベースとして使います。まず、長方形の下辺を膨らませてホームベース型にしていきましょう。長方形オブジェクトを選択し、[効果]メニュー→[ワープ]→[下弦]を選択します。[水平方向]を選択し❶、[カーブ]を[30%]に設定したら❷、[OK]をクリックします❸。これで、長方形の下辺が丸く膨らみました。

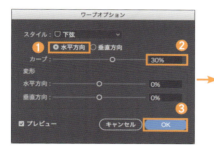

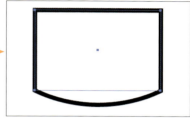

2 続いて、[効果]メニュー→[パスの変形]→[ジグザグ]を選択します。[大きさ]を[0]に❶、[折り返し]を[1]に❷、[ポイント]を[直線的に]に設定して❸、[OK]をクリックします❹。上の手順❶で丸く膨らんだ部分が直線になり、ホームベース型ができました。このように、[ジグザグ]の効果は曲線を直線に変換する場合にも使えます。

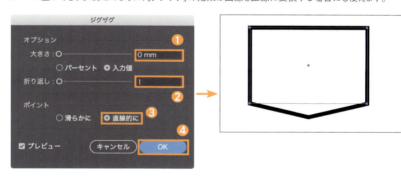

3 手順❷では、下辺の膨らみを直線に変換しましたが、再びこの直線にかすかな膨らみをもたせてみましょう。再度[効果]メニュー→[ワープ]→[下弦]を選択します。[水平方向]を選択して❶、[カーブ]を[60%]に設定し❷、[OK]をクリックします❸。最初とは違い、下端のコーナーを尖らせたままラインだけを曲線にできました。

[Point]
効果を追加するときに警告が出たときは[新規効果を適用]をクリックします。

4 最後に、シールドの上辺に膨らみをもたせてみましょう。[効果]メニュー→[ワープ]→[上弦]を選択して、[水平方向]を選択し❶、[カーブ]を[25%]に設定して❷[OK]をクリックします❸。上辺だけがわずかに膨らみました。

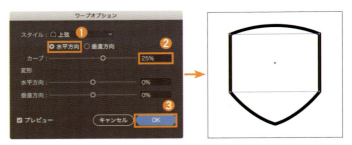

5 [アピアランス]パネルを開き、[新規線を追加]をクリックします❶。追加された[線]を選択して❷、[効果]メニュー→[パス]→[パスのオフセット]を選択し、[パスのオフセット]ダイアログを表示します。ここで、[オフセット]を[−2.5mm]に設定して❸、[OK]をクリックします❹。

6 [アピアランス]パネルに戻り、[線幅]を[2pt]に設定すれば、太さの異なる二重ラインになります。

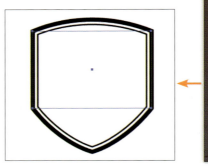

7 手順6で[アピアランス]パネルを確認すると、追加した効果が上から順に並んでいます。このうち、[ワープ]効果は3点ありますが、それぞれの項目をクリックすると、[ワープオプション]ダイアログが表示されます。そこで数値を変更すれば、シールドの形をあとから調整できます。

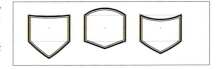

Tip 14

地図で使う線路を効率よく作りたい

⇩

アピアランスで複数の線を重ねて表現する

同じパスを複数重ね、それぞれの線幅や線種を変えることでいろいろな種類のラインが作成できます。しかし、複数のパスを重ねると形の修正がとても面倒です。アピアランスを使って効率的な作りにしましょう。

1　最初に、最もよく使うJR線の単線から作成しましょう。[ペンツール]を使って線路の基本となるパスを自由な形で作成します。ここでは、コーナーを含む直線にしました。このパスを選択し❶、[塗り]を[なし]に❷、[線]のカラーを[C0 M0 Y0 K100]に❸、[線幅]を[8pt]に設定します❹。

2　[アピアランス]パネルを開き、[新規線を追加]をクリックして❶、[線]の項目を1つ増やします。2つあるうちの上側の[線]を選択し、[線幅]を[6pt]、カラーを[白]に変更します❷。黒の線の上に少し細い白の線が重なった状態になり、二重のラインができました❸。

3　[アピアランスパネル]で、白の方の[線]の項目を選択してあることを確認し、[線]パネルを開きます。[破線]のチェックをオンにして白線を破線にし❶、[線分]に数値を指定して❷、破線の細かさを調整すれば完成です。ここでは[16pt]としました。

4　続いて、先ほど作成したJR線のパスを複製し、私鉄にアレンジしてみます。

option ([Alt])+ドラッグでパスを複製

5　アピアランスを使って線を重ねる手法は同じです。[アピアランス]パネルを開き、2つの線の[線幅]を❶と❷のように、上側の線のカラーを[黒]、[破線]の設定を❸のように変更すればOKです。

❶の直線の上に❷の破線を設定している

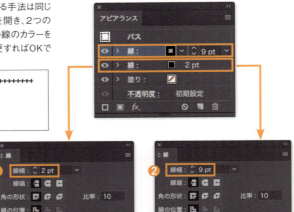

さらに便利にするため、一度作ったアピアランス設定を流用できるようにしてみましょう。JR線のパスを選択し❶、[グラフィックスタイル]パネルを開きます。[新規グラフィックスタイル]をクリックすると❷、現在選択しているオブジェクトのアピアランス設定がグラフィックスタイルとして登録されます。登録されたグラフィックスタイルは「JR線（単線）」という名前に変更しておきましょう❸。

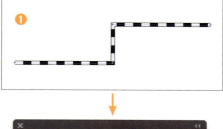

(Point)

[新規グラフィックスタイル]をクリックする際に option (Alt)キーを押していると、スタイル名を設定してから登録できます。

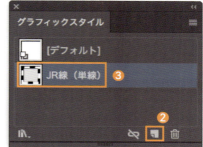

新しくパスを作成したあと❶、先ほど登録したグラフィックスタイルを選択すれば❷、簡単に流用可能です。同じ要領で私鉄もグラフィックスタイルにしておくと、JR線と私鉄の切り替えも簡単にできます❸。

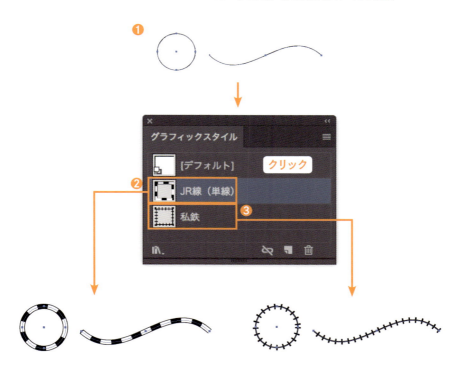

Part 2　オブジェクト・画像の効率ワザ

Tip 15

立体的な棒グラフを作りたい

↓

[3D機能を使って長方形を立体にする]

Illustratorには、簡易的な3Dの機能が搭載されています。これを利用することで、立体的なブロックなどを簡単に表現できます。

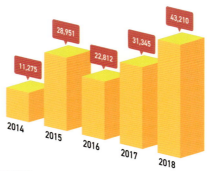

使用素材 [Tip15]folder→[Tip15_graph.ai]

ベースとなる棒グラフを作成する

 まず、元となる棒グラフを作成します（Tip15_graph.ai）。各要素のサイズは右記を参考にしてください。長方形で作った棒グラフの上に、角丸長方形と三角形を組み合わせた吹き出しを配置し、下部には年代を表す数字があります。フォントなどは好きなものを使いましょう。

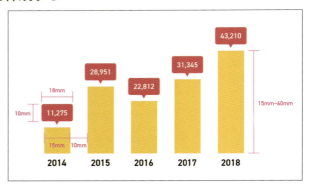

(Point)

それぞれの大きさは厳密でなくても構いません。

オブジェクトを立体化する

1 黄色の長方形のみをすべて選択し、グループにします❶。続けて、[効果]メニュー→[3D]→[押し出し・ベベル]を選択します。各軸の角度の値を変更するか❷、左のキューブをドラッグすることで❸、立体の角度を自由に変更できます。[プレビュー]のチェックをオンにすると❹、長方形が即座に立体的になっているのがわかります。

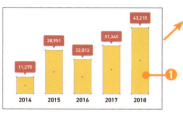

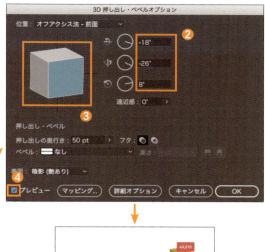

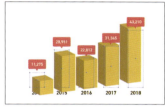

2 [位置]のメニューから項目を選択すると、あらかじめ登録された角度に変更できます。試しに[オフアクシス法-左面]を選択して、プレビュー表示が変わったことを確認してください。この角度を基本として、少しずつ向きを調整してみます。

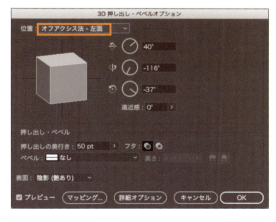

3 キューブの縦の辺にポインタを合わせると、緑色に強調表示されます❶。この状態で左右にドラッグすると、縦方向の軸を固定したまま、キューブの向きだけ回転できます。それぞれの角度が❷の値になるまで調整しましょう。この3つの数値はあとでまた使うので、メモしておきます。

4 その他の設定を図のように変更します。[押し出しの奥行き]は、立体化する際の厚みです。ここでは[50pt]としています❶。[表面]は[陰影(艶消し)]にしました❷。設定ができたら[OK]をクリックして決定します❸。

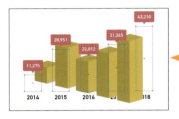

5 今度は、吹き出しだけをすべて選択してグループ化します❶。[効果]メニュー→[3D]→[回転]を選択して、表示される[3D回転オプション]ダイアログで回転軸の角度を設定し❷、[OK]をクリックします❸。このときの角度の値を、先ほどの黄色い長方形と同じにしておくのがポイントです。

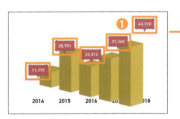

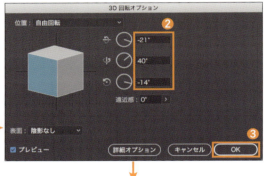

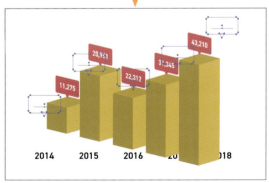

[Point]

[押し出し・ベベル]と[回転]は、対象オブジェクトに厚みを持たせるかどうかが違うだけで、3D機能としての基本は同じです。

6 同じ要領で、年代の数字もグループ化してから❶、吹き出しと同じ設定で回転の効果を適用します。

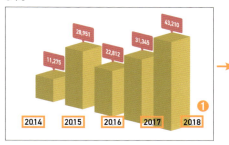
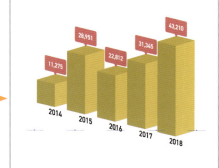

7 それぞれの位置を調整したあと❶、すべてを選択して[オブジェクト]メニュー→[アピアランスを分割]を実行します。これで、効果が実際のオブジェクトに反映されます❷。

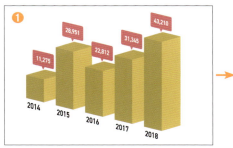
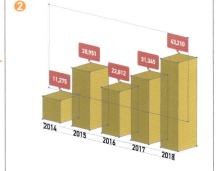

[Point]
アピアランスを分割すると、余分なクリッピングパスができることがあります。不要であれば削除しておくとよいでしょう。

8 立体になった棒グラフの各面を[ダイレクト選択ツール]で選択し、[塗り]を変更すれば立体グラフの完成です。

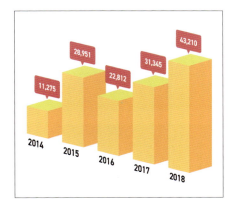

Part 2　オブジェクト・画像の効率ワザ

Tip 16

テキストを加工してステンシル風ロゴを作りたい

↓

［パスファインダーを使って文字に切り欠きを入れる］

テンプレートシート（型枠）を使って効率的なレタリングをするステンシル。仕上がった文字には切り欠きが入るのが特徴です。標準的なフォントをベースにこの雰囲気を模したロゴを作ります。

Before　　　　　　　　　　　**After**

ロゴのベースとなるポイント文字を作成する

1　［文字ツール］を使って、今回のロゴのベースとなる「SHOCK」というポイント文字を作成します（上のBeforeを参照）。文字の設定は下図のようにしました。文字のカラーは、[C0 M0 Y0 K100]に設定しています。

[Point]

ここで使っている「Rosewood Std Fill」のフォントは、CCユーザーならTypekitから同期して利用できます。Typekitが使えないときは近い形のフォントで代用してください。

切り欠きを入れた文字を作成する

1 ［書式］メニュー→［アウトラインを作成］を実行して、文字をアウトライン化したあと、［ダイレクト選択ツール］で「O」の文字だけを選択して削除しておきます。さらに、すべてを選択して［オブジェクト］メニュー→［複合パス］→［作成］を実行して複合パス化しておきます。この複合パス化は、あとの工程で型抜きを一度で終わらせるための下準備です。

(Point)
複合パスにした際、オブジェクトが透明になった場合は、［塗り］を［C0 M0 Y0 K100］に戻しておきましょう。

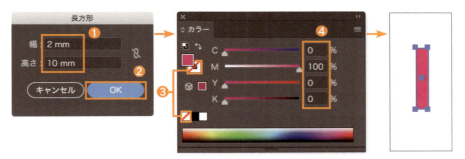

2 ［長方形ツール］でアートボードをクリックします。［幅］を［2mm］、［高さ］を［10mm］に設定して❶、［OK］をクリックし❷、長方形を作成します。この長方形は、文字に切り欠きを作るためのパーツになります。［線］は［なし］❸、［塗り］は［C0 M100 Y0 K0］に設定しておきます❹。

3 文字の切り欠きを入れたいすべての場所に、先ほど作成した長方形を複製しながら配置します❶。「H」や「K」は、文字のラインが交差する箇所のアンカーポイントと、長方形のコーナーのアンカーポイントがそれぞれ正確にスナップするように意識しましょう❷❸。

(Point)
［表示］メニュー→［スマートガイド］でスマートガイドを有効にしておくと、正確な配置がやりやすくなります。

4 すべてのオブジェクトを選択し❶、[パスファインダー]パネルの[前面オブジェクトで型抜き]をクリックします❷。

5 切り欠きの長方形によって、文字が型抜きされました❶。この際、事前に文字を複合パス化していないと、❷のように一部の文字だけが残った状態になってしまいます。

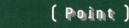

[Point]
パスファインダーのあとオブジェクトのカラーが変わった場合は、[塗り]を[C0 M0 Y0 K100]に戻しておきましょう。

稲妻のラインが入った円を作成する

1 [楕円形ツール]で、直径30mm❶の正円オブジェクトを作成し❷、[線]を[なし]に❸、[塗り]を[C0 M90 Y30 K0]に設定します❹。これを最初に削除した「O」の文字のスペースに配置します❺。正円を配置するスペースは、[グループ選択ツール]などで前後の文字を選択、移動して調整しましょう。

2 　[ペンツール]を使って正円の真ん中に稲妻のようなラインを作成し❶、[線]パネルで[線幅]を[20pt]❷、[プロファイル]を[線幅プロファイル4]に設定します❸。線の始点から終点に向かって線幅が変化する形になりました。

[Point]

ラインの上が細くなってしまったときは、[線]パネルの[プロファイル]の右にある[軸に沿って反転]をクリックします。

3 　稲妻のラインを選択し❶、[オブジェクト]メニュー→[パス]→[パスのアウトライン]を実行したあと、正円と稲妻ラインを選択して[パスファインダー]パネルの[前面オブジェクトで型抜き]をクリックすれば❷、完成です❸。

Part 2　オブジェクト・画像の効率ワザ

Tip 17

繰り返し使うパーツを効率よく管理したい

⬇

[共通パーツをシンボル化して管理する]

アイコンなど、同じパーツを繰り返し使うようなデザインでは、シンボル機能を使うのが効率的です。マスターとなるシンボルを変更すれば、編集内容がすべてのインスタンス（複製）に即時反映されます。

使用素材 [Tip17] folder→[Tip17_shoplist.ai／Tip17_icon.ai]

アイコンをシンボルに登録する

1 右図のように、同じパーツが繰り返し使われるデザイン（Tip17_shoplist.ai）で、アイコンの色を変更したいとします。それぞれのアイコンを個別のオブジェクトとして作成している場合、すべてを修正していかなければならず、とても非効率的です。このような場合にシンボル機能が役立ちます。

2 シンボルへの登録はとても簡単です。シンボルとしたいアイコンのオブジェクトを選択し❶、[シンボル]パネルの[新規シンボル]をクリックします❷。

[Point]
バージョンによっては[シンボルの種類]を選択することになりますが、基本的に[スタティックシンボル]にしておくとよいでしょう。

3 ［シンボルオプション］ダイアログが表示されたら、❶を参考に設定します。登録されたシンボルは、［シンボル］パネルに追加されます❷。

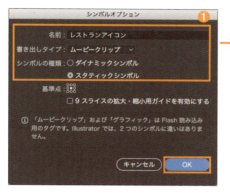

登録したシンボルを配置／編集する

1 シンボルを利用するときは、［シンボル］パネルから希望のものをアートボードにドラッグするか❶、パネルの［シンボルインスタンスを配置］をクリックします❷。配置した複製は「シンボルインスタンス」と呼ばれ、同じマスターに紐づけられたいわばシンボルの分身です。シンボルインスタンスはいくらでも複製して配置ができます❸。

2 シンボルの内容を編集してみましょう。配置したシンボルインスタンスのうち、どれか1つを［選択］ツールでダブルクリックすると、シンボルの編集モードになります❶。ここでは、ベースの正円の［塗り］を変更しました❷。

3 [esc]([Esc])キーを押して編集モードを終了すると、すべてのシンボルインスタンスに編集内容が反映されていることがわかります。

別のシンボルに差し替える

1 複数のシンボルが登録されているときは、別のシンボルへの差し替えも簡単にできます。先ほどのアイコンとは別に、もう1種類のアイコン（Tip17_icon.ai）をシンボルとして登録しておきます。

2 配置されたシンボルインスタンスのうち、差し替えたいものだけを選択し❶、[コントロール]パネルの[置換]から対象のシンボルを選択します❷。これで、別のシンボルに差し替えができました。

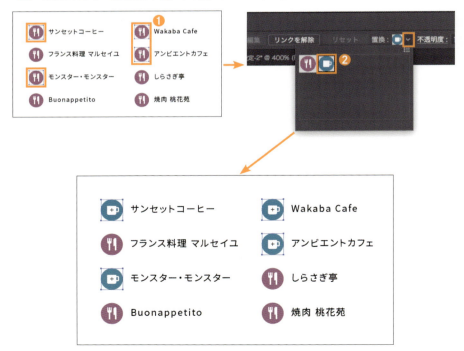

Part 2 　オブジェクト・画像の効率ワザ

Tip
18

ストライプやドットの基本的なパターンを効率よく作りたい

↓

[付属パターンをベースに
変形効果や再配色を組み合わせる]

Illustratorに付属しているさまざまなパターン。使いどころが難しいものもありますが、実はベーシックで使いやすいものも含まれています。これを利用すると、基本的なパターンは効率的に作ることができます。

ベーシック_ラインを利用する

1　ストライプのパターンを作成してみましょう。付属パターンは、[スウォッチ]パネルの[スウォッチライブラリメニュー]の[パターン]から目的のものを選択して利用します。先ほどのメニューの中の[ベーシック]→[ベーシック_ライン]を選択します❶。[ベーシック_ライン]の含まれたパネルが新しく開きました❷。

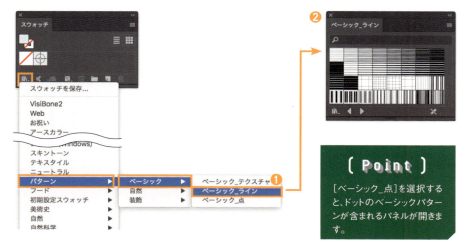

(Point)

[ベーシック_点]を選択すると、ドットのベーシックパターンが含まれるパネルが開きます。

2️⃣ パターンを確認するための長方形を適当なサイズで作成し、[線]を[なし]にしておきます❶。[塗り]のボックスを選択し❷、[ベーシック_ライン]の中から[10 lpi 40%]を選択すると❸、塗りにパターンが適用されます❹。ちなみに、この他にも線のバリエーション違いでたくさんのパターンがあります。

作成したボーダーをアレンジする

1️⃣ このボーダーをアレンジして、斜めのストライプにしてみましょう。長方形を選択した状態で、[アピアランス]パネルを開き、[塗り]の項目を選択します❶。[効果]メニュー→[パスの変形]→[変形]を選択し、[角度]を[45]に設定して❷、[プレビュー]のチェックをオンにします❸。長方形ごと45°に傾いたことが確認できます❹。

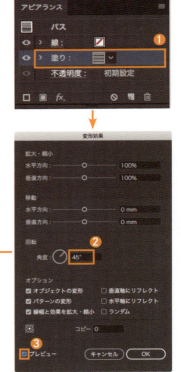

引き続き、[オプション]の[オブジェクトの変形]のチェックをオフにします❶。オブジェクト自体の変形はリセットされ、中身のパターンだけが傾いた状態になりました。

ついでに、[拡大・縮小]の値を両方とも[200%]に設定してパターンの大きさも変えておきましょう。このように、[オブジェクトの変形]をオフにしておけば、自由にパターンだけの角度や大きさを加工できます。

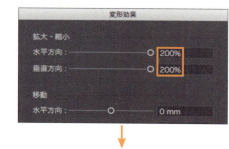

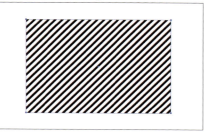

続いて、色を変更してみましょう。長方形を選択した状態で、[コントロール]パネルの[オブジェクトを再配色]をクリックします❶。[現在のカラー]下の黒い帯の右にある横線をクリックして矢印に変更したあと❷、ダイアログ下部にあるスライダーを使って変更後の色を指定します。ここでは、[C40 M10 Y5 K0]に設定しました❸。[OK]をクリックすると❹、パターンの色が変更されます。

(Point)

[オブジェクトを再配色]で色を変更すると、新しいパターンとして[スウォッチ]パネルに追加登録されます。

ギンガムチェックを作成する

1 最後に、これを利用してギンガムチェックを作ってみましょう。[アピアランス]パネルを開き、[塗り]の項目を選択して[選択した項目を複製]を2回クリックします❶。[塗り]が3つになりました。一番下の[塗り]を選択し❷、[カラー]パネルで[塗り]を[C5 M5 Y20 K0]に設定します❸。

2 一番上の[塗り]の左にある矢印をクリックして❶、塗りの内容を表示します。[変形]の文字をクリックして❷、[変形効果]ダイアログを開き、[角度]を[-45]に変更し❸、[OK]をクリックします❹。パターンの角度が反転して格子状になりました。

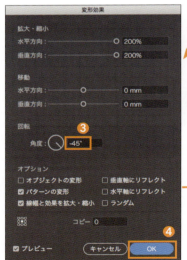

3. さらに、前ページの手順②でクリックした[変形]の文字の下にある[不透明度]の文字をクリックして❶、[透明]パネルを表示し、[描画モード]を[乗算]に変更します❷。

4. 最後に、真ん中の[塗り]の内容を展開して、[不透明度]をクリックし❶、[描画モード]を[乗算]に変更すれば❷、ギンガムチェックの完成です。

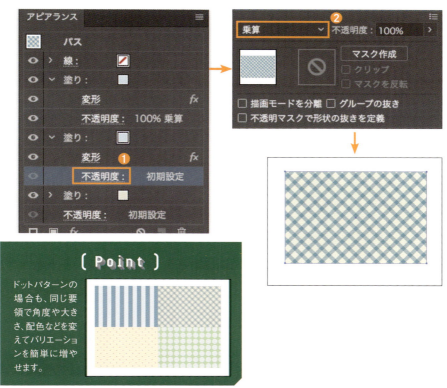

(Point)

ドットパターンの場合も、同じ要領で角度や大きさ、配色などを変えてバリエーションを簡単に増やせます。

Part 2 　オブジェクト・画像の効率ワザ

編集可能な状態で図形を組み合わせたい

[パスファインダーを複合シェイプとして実行する]

異なるオブジェクトを組み合わせて新しい形にするパスファインダーは、図形を作るときに欠かせない強力な機能です。複合シェイプにすることで、元のオブジェクトを維持しながらパスファインダーが実行できます。

オブジェクトを作成する

1 パスファインダーを活用して、右図のような家のアイコンを作成してみましょう。合体や型抜きなど、パスファインダーの定番機能を使って図形を作成していきますが、複合シェイプを利用することで、あとからでも編集可能な状態にするのが目標です。

2 ［長方形ツール］でアートボードをクリックして、［幅］を［30mm］、［高さ］を［25mm］に設定し❶、［OK］をクリックして❷、長方形を作成します。［塗り］を［C0 M0 Y0 K100］に❸、［線］を［なし］に設定します❹。

3 続けて、[オブジェクト]メニュー→[パス]→[アンカーポイントの追加]を実行し、4つの辺にアンカーポイントを追加します。

4 上辺中央のアンカーポイントを[ダイレクト選択ツール]で選択し❶、キーボードの上矢印キーを数回押して逆ホームベース型にします❷。これで家の本体ができました。

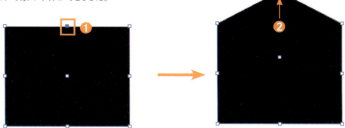

5 [角丸長方形ツール]でアートボードをクリックします。[幅]を[5mm]、[高さ]を[15mm]、[角丸の半径]を[0.5mm]に設定して❶、[OK]をクリックし❷、長方形を作成します。[塗り]を[C80 M10 Y45 K0]に❸、[線]を[なし]に設定します❹。これは煙突にあたります。先に作成した家の本体の右上あたりに配置します❺。

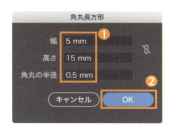

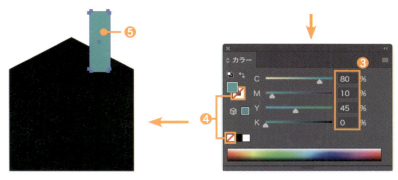

6 まずは通常のパスファインダーで合体させてみましょう。家本体と煙突の図形を選択し、[パスファインダー]パネルの[合体]をクリックします。家本体と煙突が一体化しました。一度合体すると元の図形は維持されないので、例えば、あとになって煙突をもう少し右に寄せたかったと思っても修正が大変です。そのようなことにならないように、これらは複合シェイプにしておくのが理想です。

複合シェイプでオブジェクトを合体する

1 [編集]メニュー→[取り消し]を実行して、合体前の状態に戻します。再度、両方のオブジェクトを選択し、今度は option (Alt)キーを押しながら[合体]をクリックします。先ほどと同じく、図形は1つになりましたが、選択の状態を見ると今度は元の形が維持されているのがわかります。

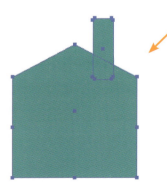

[Point]
[表示]メニュー→[アウトライン]でアウトライン表示にしても、オブジェクトの形状が合体前のままのがわかります。

続いて、家の入り口を作りましょう。[角丸長方形ツール]でアートボードをクリックします。[幅]を[8mm]、[高さ]を[15mm]、[半径]を[4mm]に設定して❶、[OK]をクリックし❷、長方形を作成します。[塗り]を[C0 M100 Y0 K0]に❸、[線]を[なし]に設定します❹。これを❺のような位置に配置します。

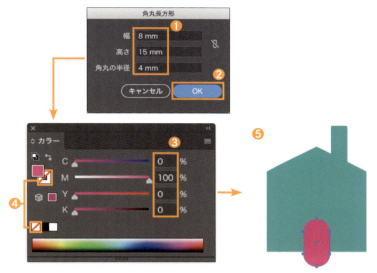

すべてを選択し、[パスファインダー]パネルの[前面オブジェクトで型抜き]を option (Alt)キーを押しながらクリックします❶。同様に、オブジェクトの形を維持しながら型抜きができました。[ダイレクト選択ツール]で個別のオブジェクトやアンカーポイントを選択すれば、パスファインダー前のオブジェクトと同様に調整が可能です❷。

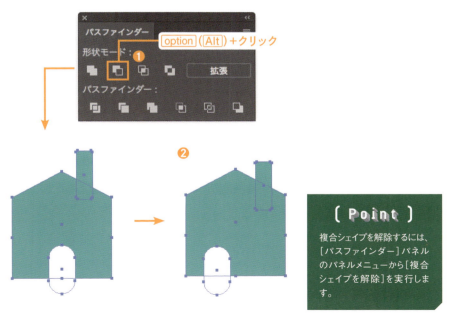

[Point]

複合シェイプを解除するには、[パスファインダー]パネルのパネルメニューから[複合シェイプを解除]を実行します。

Part 2 　オブジェクト・画像の効率ワザ

編集しやすい吹き出しを作りたい

[効果と線幅プロファイルを組み合わせる]

ちょっとしたパーツとしてよく使う吹き出しデザイン。長方形や楕円形に尻尾となる飛び出しを組み合わせて表現するのが一般的ですが、線幅プロファイルと効果をうまく利用することで編集しやすい形にできます。

ベースの形状を作る

1 作業の前に、一般的な作りの吹き出しを見てみましょう❶。角丸長方形の一辺にアンカーポイントを追加して、それを引っ張るように尻尾を伸ばしています❷。通常はこれで問題ないですが、尻尾の位置を変えたり、吹き出し自体の形状を変えるなどの編集が少し面倒です。

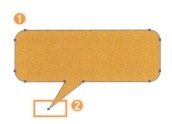

2 では、編集しやすい形で作成してみます。まずは吹き出しのベースとなる、適当なサイズの長方形を作成しましょう。ここでは、[幅]が[55mm]、[高さ]が[20mm]の長方形とし、[塗り]を[C0 M40 Y100 K0]に❶、[線]を[なし]に設定しました❷。

74

編集しやすいオブジェクトを作成する

1. 長方形の形状をあとから自由に変更できるように、[効果]メニュー→[形状に変換]→[角丸長方形]を選択し、各種設定を❶のようにして実行します。長方形が角丸になりました❷。これは効果として見た目を角丸長方形にしているだけなので、実際のパスは長方形の形が維持されています。

2. 続いて尻尾の飛び出しを作成します。これは単なるパスで表現します。[ペンツール]を使って、長方形の中央あたりから下へ突き出すような直線パスを作成します❶。[塗り]を[なし]に❷、[線]のカラーをベースと同じ[C0 M40 Y100 K0]に設定します❸。続いて[線]パネルで、[線幅]を[30pt]に設定します❹。

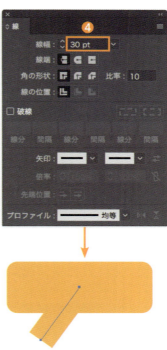

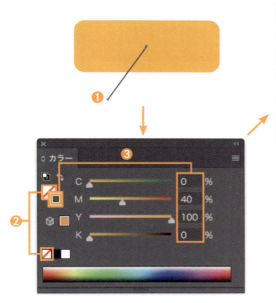

3. このままだと吹き出しらしくないので、尻尾のパスを選択した状態で、[線]パネルで[プロファイル]を[線幅プロファイル4]に変更します。

4 線の太さが変化して吹き出しのようになりました。こうしておけば、[ダイレクト選択ツール]でパスの先端を移動させることで、どのような向きにも簡単に対応できます。

[Point]
変化の向きが逆になってしまった場合は、[プロファイル]のメニューの右にある[軸に沿って反転]をクリックします。

5 さらに、尻尾に微妙なカーブをつけてみましょう。尻尾のパスを選択し、[効果]メニュー→[ワープ]→[アーチ]を選択します。[水平方向]を選択し❶、[カーブ]の値を変更すれば、自由に曲線具合を変えることが可能です。ここでは、[-40]に設定しました❷。

6 最後に、ベースの形状を別のものに変えてみましょう。長方形を選択して❶、[アピアランス]パネルを開き、[角丸長方形]をクリックし❷、[形状オプション]ダイアログを開きます。ここで[形状]のメニューを切り替えれば、いつでも吹き出しの形状を変更できます❸。大きさは、[オプション]の[幅に追加]と[高さに追加]の値で調整可能です❹。

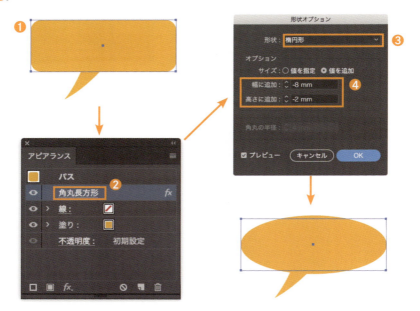

Part 2 ── オブジェクト・画像の効率ワザ

Tip 21

コーナーの形状が崩れない囲み罫を作りたい

シンボルの9スライスを有効にする

コーナーに装飾がある囲み罫は、縦横比を変えると装飾も崩れてしまうのが難点です。囲み罫自体をシンボルに変換し、9スライスの機能を有効にしておくことで、常にコーナーの形状が維持される作りにできます。

使用素材 [Tip21]folder→[Tip21_ornament.ai]

通常の囲み罫を縦横変倍した場合

1. 囲み罫を作成します（Tip21_ornament.ai）。このときのポイントは、コーナー以外に装飾がないこと、コーナー以外が垂直水平の直線であることです。今回は❶のようなデザインとしました。仮にこれを横方向にだけ拡大すると、❷のように装飾の形状が当然崩れてしまいます。

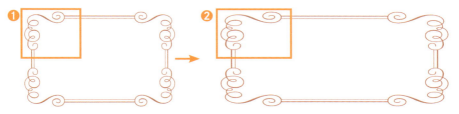

シンボルを作成する

1. 囲み罫のオブジェクトをすべて選択し、［シンボル］パネルの［新規シンボル］をクリックします。

2　[シンボルオプション]ダイアログが表示されます。[名前]は[囲み罫]❶、[シンボルの種類]は[スタティックシンボル]に設定し❷、[9スライスの拡大・縮小用ガイドを有効にする]のチェックをオンにします❸。このチェックをオンにすることで、9スライスの機能が有効になります。[OK]をクリックして❹、シンボルを登録しましょう❺。

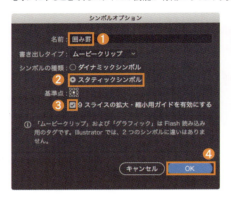

3　シンボルに変換された囲み罫を[選択ツール]でダブルクリックし❶、シンボルの編集モードに入ります。縦横それぞれ2本ずつの点線が表示されました❷。これが9スライスのエリアを指定するガイドです。

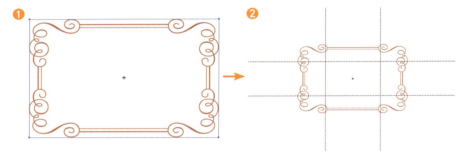

4　9スライスでは、パーツを9つのエリアに分割して扱います。縦横それぞれ2本のガイドの外側は、変形による影響を受けなくなります。つまり、ガイドの内側のエリアだけが伸縮するようになるということです。

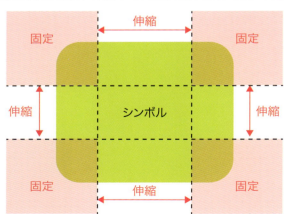

5 ガイドはドラッグで移動できます。すべてのガイドを、コーナーの飾り部分ギリギリくらいまで移動しておきましょう。このとき、飾り部分に決してガイドが重ならないよう、少しだけ内側にしておくのがポイントです。ガイドの移動が終わったら、[esc]([Esc])キーを押して、シンボルの編集モードを終了します。

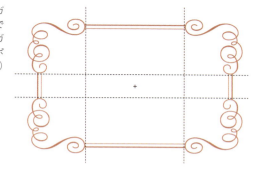

6 ［表示］メニュー→［バウンディングボックスを表示］を選択して、バウンディングボックスを表示し❶、ハンドルをドラッグしてシンボルのサイズを自由に変更してみましょう❷。縦横比率が変わっても、コーナーの形状が崩れることはありません。

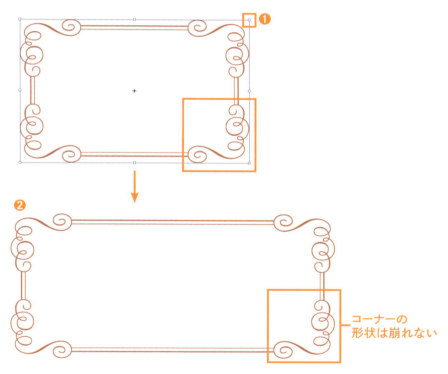

コーナーの
形状は崩れない

〔 Point 〕

バウンディングボックスの四隅と4辺中央に表示されている白い四角がハンドルです。

Part 2　オブジェクト・画像の効率ワザ

Tip 22

よく使う塗りや線の設定を保存しておきたい

[グラフィックスタイルの機能を利用する]

デザインの中でよく使う線や塗りの設定があれば、グラフィックスタイルに登録しておくと便利です。線や塗り以外に効果なども一緒に登録できるので、うまく活用すると編集作業がとても効率化されます。

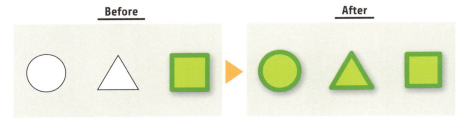

グラフィックスタイルを作成／登録する

1 まずは、基本的なグラフィックスタイルを作成します。[長方形ツール]で20mm四方の正方形を作成し、[塗り]を[C20 M0 Y100 K0]に❶、[線]を[C60 M0 Y100 K0]に❷、[線]パネルで[線幅]を[15pt]に設定します❸。合わせて、[角の形状]を[ラウンド結合]にしておきましょう❹。このスタイルを登録してみます。

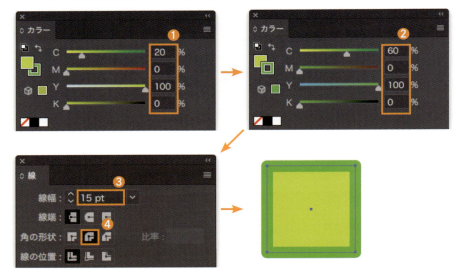

2 [グラフィックスタイル]パネルを開き、[新規グラフィックスタイル]をクリックします❶。現在の塗りと線の設定が、グラフィックスタイルとして登録されました。スタイル名は、グラフィックスタイルの名前をクリックして変更できます（あるいはアイコンをダブルクリック）。ここでは「テストスタイル1」としておきましょう❷。これで登録は完了です。

[Point]

[グラフィックスタイル]パネルのパネルメニューから[リスト（大）を表示]を選択するとリスト形式の表示に変更できます。

登録したグラフィックスタイルを利用／更新する

1 登録したグラフィックスタイルを利用してみましょう。適当な図形をいくつか作成・選択し、[ツールパネル]の[初期設定の塗りと線]をクリックして❶、塗りと線の設定をリセットしておきます。[グラフィックスタイル]パネルから「テストスタイル1」をクリックすると❷、同じ設定が一気に適用されます。

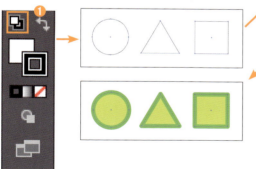

[Point]

選択中のオブジェクトにグラフィックスタイルが適用されているかどうかは、[アピアランス]パネルの一番上を見るとわかります。

2 グラフィックスタイルは、登録した設定内容を更新することもできます。その場合、該当するグラフィックスタイルが適用されたオブジェクトすべてが一気に更新されるので、同じフォーマットのデザインを一括管理したいときにとても便利です。

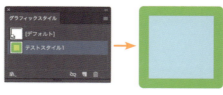

3 グラフィックスタイルの更新を試してみましょう。先ほどグラフィックスタイルを適用したオブジェクトのうちどれか1つを選択し、[塗り]を[C40 M0 Y10 K0]に変更します❶。このオブジェクトを option (Alt)キーを押しながらドラッグし、[グラフィックスタイル]パネルの「テストスタイル1」に重ねてからドロップすれば❷、更新完了です。他のオブジェクトもすべて同じスタイルになりました❸。

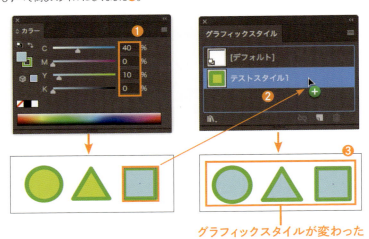

グラフィックスタイルが変わった

複数のグラフィックスタイルを適用する

1 グラフィックスタイルは、複数を組み合わせることも可能です。先ほど登録した「テストスタイル1」に加え、ドロップシャドウ効果だけを登録した「テストスタイル2」を用意しました。

[Point]

「テストスタイル2」は、塗り、線ともに透明のオブジェクトにドロップシャドウの効果を適用したものをグラフィックスタイルに登録して作ります。

2 先ほどのオブジェクトにこのスタイルを追加してみましょう。すべてのオブジェクトを選択し❶、 option (Alt)キーを押しながら[グラフィックスタイル]パネルの「テストスタイル2」をクリックします❷。塗りや線の設定はそのままで、ドロップシャドウの効果だけがプラスされました❸。

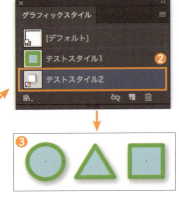

Part 2　オブジェクト・画像の効率ワザ

Tip 23

タブ形状の図形を作りたい

［ ライブコーナーの機能を使う（CC以降） ］

［角を丸くする］効果では、すべてのコーナーが同じ角丸になるため、それぞれを異なる形状や半径にするのは困難です。CC以降に搭載されたライブコーナーの機能を使うと、簡単に作成可能です。

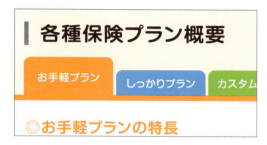

一般的な方法で長方形の角を丸くする

1 まず、［角を丸くする］効果で長方形の角を丸くしてみましょう。［長方形ツール］を使って、幅55mm、高さ24mmの長方形を作成します❶。［塗り］を［C0 M50 Y100 K0］に❷、［線］を［なし］に設定します❸。

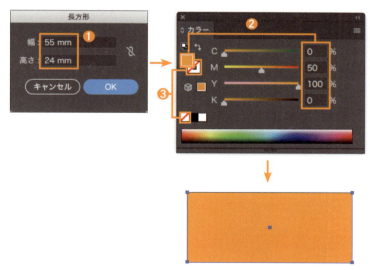

2. ［効果］メニュー→［スタイライズ］→［角を丸くする］を選択し、［半径］を設定して❶、［OK］をクリックすれば❷、長方形の角は丸くなります。ただし、これではすべての角が同じ半径で同じように丸くなってしまいますし、形状も選べません。デザインによっては、一部だけを丸くしたり半径を変えたりしたいことも多いはずです。

ライブコーナーの機能で形状を変更する

1. では、ライブコーナーの機能を試してみます。最初と同じ長方形を作成します。［表示］メニュー→［コーナーウィジェットを表示］を選択したあと、［ダイレクト選択ツール］に変更すれば、長方形のすべてのコーナーに二重丸のアイコンが表示されます。これが、ライブコーナーで使用する「コーナーウィジェット」です。

コーナーウィジェット

(Point)
コーナーウィジェットがすでに表示されているときは、メニューを選択する必要はありません。

2. 左上と右上のアンカーポイントだけを選択し❶、コーナーウィジェットをドラッグすれば❷、対象のコーナーだけが簡単に角丸になります。

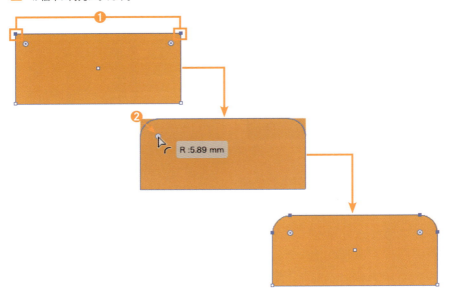

3 option（Alt）キーを押しながらコーナーウィジェットをクリックすると、形状を変更できます。選べる形状は、標準の「角丸」❶、くぼんだ形の「角丸（内側）」❷、直線の「面取り」❸の3種類です。また、コーナーウィジェットをダブルクリックすると[コーナー]ダイアログが開き、正確な半径の設定などもできます❹。

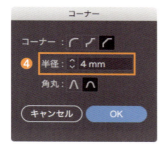

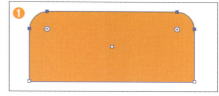

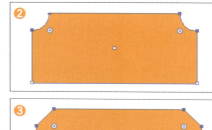

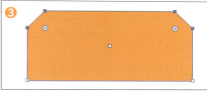

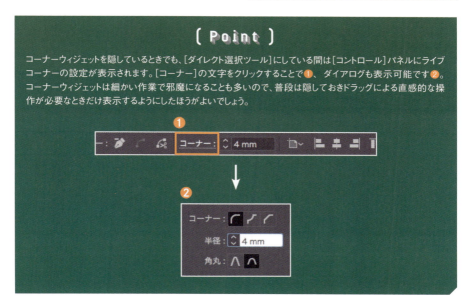

（ Point ）

コーナーウィジェットを隠しているときでも、[ダイレクト選択ツール]にしている間は[コントロール]パネルにライブコーナーの設定が表示されます。[コーナー]の文字をクリックすることで❶、ダイアログも表示可能です❷。コーナーウィジェットは細かい作業で邪魔になることも多いので、普段は隠しておきドラッグによる直感的な操作が必要なときだけ表示するようにしたほうがよいでしょう。

Part 2 　オブジェクト・画像の効率ワザ

Tip 24

オブジェクトの属性をすべてコピーしたい

［スポイトツール］の
スポイトツールオプションを設定する

［スポイトツール］では、どの属性をコピーするかをスポイトツールオプションで設定できます。複数の塗りや線、効果などをコピーしたいときはチェックしておきましょう。

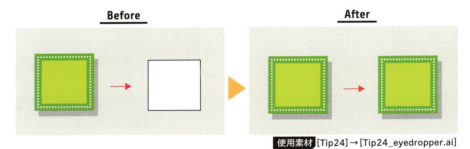

使用素材 [Tip24] → [Tip24_eyedropper.ai]

［スポイトツール］を利用する

1 ここに、2つの正方形AとBがあります（Tip24_eyedropper.ai）。Aは初期設定の塗りと線だけが設定されており、Bは複数の線やドロップシャドウの効果などが追加されています。

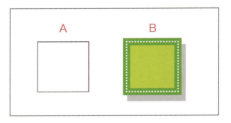

2 通常、Aを選択した状態で、Bを［スポイト］ツールでクリックすると、Aの［塗り］や［線］の設定がそのままBに適用されるはずです。試しに、Aの正方形を選択した状態で❶、Bの正方形を［スポイトツール］でクリックしてみましょう❷。なぜか、ここでは一部の属性しかコピーされませんでした。

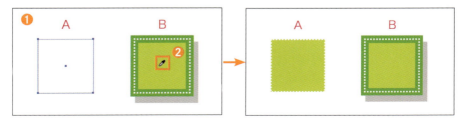

［スポイトツール］のオプションを設定する

1 一部の属性しかコピーされなかった原因は、［スポイトツール］のスポイトツールオプションにあります。［ツール］パネルの［スポイトツール］をダブルクリックして、［スポイトツールオプション］ダイアログを開いてみましょう。初期設定ではこのようになっています。

［アピアランス］が
オフになっている

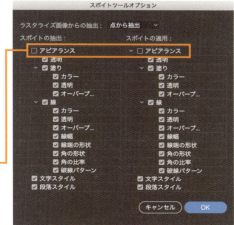

2 ［スポイトの抽出］と［スポイトの適用］では、どの属性を抽出し、適用するのかを細かく選択できます。今回のように、一番上の［アピアランス］がオフになっていると、複数ある［塗り］や［線］の中で、現在アクティブなものだけしかコピーの対象となりません。［アピアランス］パネルを確認したとき、ボックスの枠が白枠で強調されているのがアクティブな［線］❶と［塗り］❷です。

白枠で強調
されている

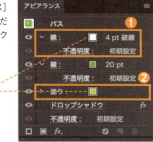

3 ［スポイトの抽出］と［スポイトの適用］両方の
［アピアランス］をオンにして❶❷、［OK］をクリックします❸。

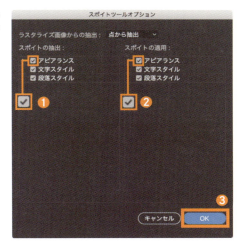

4 P.86の手順❷と同じくAの正方形を選択してから❶、Bの正方形を[スポイトツール]でクリックしてみましょう❷。今度は、効果を含めたすべての属性がコピーされました。

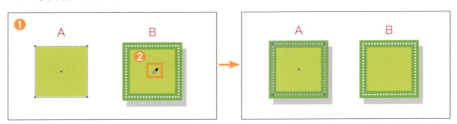

5 [スポイトツール]には、テキストオブジェクトのフォントやサイズなど、文字属性をコピーする機能もありますが、文字属性のコピー対象もスポイトツールオプションで決まります。仮に、[文字スタイル]❶や[段落スタイル]❷をオフにした場合、[スポイトツール]では[塗り]や[線]だけがコピーされ、フォントやサイズなどの文字属性は変化がありません。

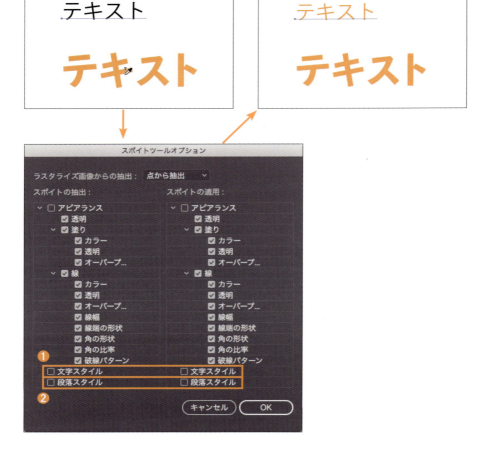

Part 2　オブジェクト・画像の効率ワザ

Tip 25

キラキラのパーツをランダムに散らしたい

↓

散布ブラシを使って登録パーツを ランダムに配置する

星のようなパーツをランダムに散らして、キラキラとしたイメージを演出するデザインです。手動で1つずつ配置するのは大変ですが、散布ブラシを使うことで簡単に作成可能です。

1つめのパーツを作成する

1 ここでは、2種類のパーツを組み合わせて使ってみます。まず、1つめのパーツを作成します。[楕円形ツール]でアートボード上をクリックして、[幅]を[4mm]、[高さ]を[6mm]に設定し❶、[OK]をクリックします❷。[塗り]を[C0 M0 Y0 K100]に❸、[線]を[なし]に設定します❹。

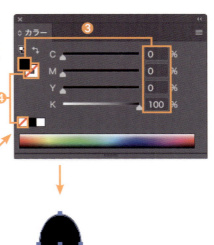

② 楕円形を選択し、[効果]メニュー→[パスの変形]→[パンク・膨張]を選択します。スライダーを[収縮]側にスライドさせると、楕円形の上下左右が尖って輝きのような形になります。[プレビュー]をオンにして❶、状態を確認しながら調整しましょう。ここでは[-60%]とし❷、[OK]をクリックします❸。

③ 変形した楕円形を選択したまま、[ブラシ]パネルの[新規ブラシ]をクリックし❶、[新規ブラシの種類を選択]を[散布ブラシ]に設定して❷、[OK]をクリックします❸。[散布ブラシオプション]ダイアログは❹のように設定しましょう。ここでは、パーツのサイズや間隔、散布の幅などの変化度合いを調整できます。いずれも[ランダム]にしておくことで、散布されるパーツがランダムに変化します。

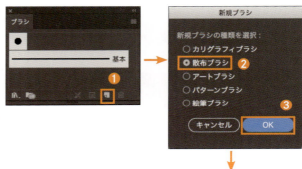

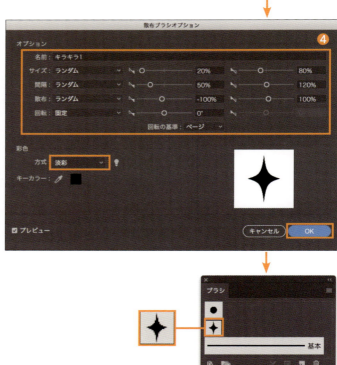

2つめのパーツを作成する

1. 続いて、2つめのパーツを作成します。こちらは通常の正円にします。[楕円形ツール]でアートボード上をクリックします。[幅]を[2mm]、[高さ]を[2mm]に設定し❶、[OK]をクリックします❷。[カラー]パネルの設定は、1つめと同じにしておきます❸。

2. 作成した正円を選択し、1つめと同じ手順で散布ブラシとして登録しましょう。ブラシオプションの設定は❶のとおりです。これで、2種類の散布ブラシが登録されました❷。

ブラシを利用する

1. [ペンツール]で適当なパスを作成します。[塗り]は[なし]に設定しておきます。

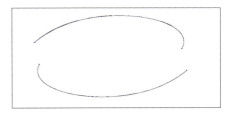

2　[ブラシ]パネルから最初に作った散布ブラシを選択します❶。パスに沿ってパーツがランダムに散りばめられました❷。なお、[ブラシ]パネルで散布ブラシをクリックするごとに、ランダムの度合いは変化するので、気に入った形になるまで繰り返しましょう。

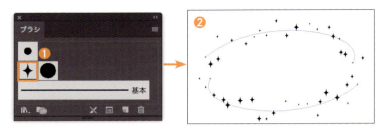

3　[アピアランス]パネルで[新規線を追加]をクリックして線を増やします❶。上の方の[線]の項目を選択して❷、[ブラシ]パネルからあとに作った散布ブラシを選択します❸。これで2種類のブラシが重なりました❹。

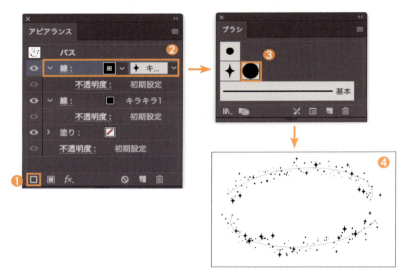

4　背景に濃いベタやグラデーションを敷き、[線]のカラーを両方とも白か淡いトーンにすれば完成です❶。散布ブラシの大きさは通常の線と同様に[線幅]で変更できるので、バランスを見ながら調整していきましょう。

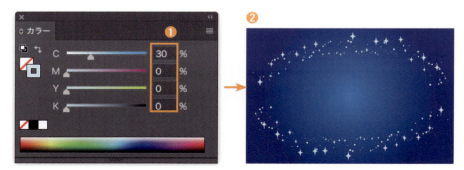

Part 2 ── オブジェクト・画像の効率ワザ

Tip 26

植物をイメージした飾り罫を作りたい

パターンブラシでパスに沿ってパーツを繰り返し配置する

茎に沿って葉が並んだイメージの飾り罫。1枚ずつを個別に配置していくのは、とても気が遠くなるような作業です。パターンブラシを使うことで、1つのパーツを繰り返し並べていくことが可能です。

使用素材 [Tip26]folder→[Tip26_parts.ai]

ガイドを作成してパーツを配置する

1 まず、パーツ1つ分のガイドとなる長方形から作成します。なお、これから作成するパーツはあらかじめ用意してあるのでそれを使っても構いません（Tip26_parts.ai）。[長方形ツール]で[幅]を[10mm]、[高さ]を[15mm]に設定して❶、[OK]をクリックし❷、長方形を作成します❸。[表示]メニュー→[ガイド]→[ガイドを作成]を実行してガイドに変換します❹。このガイドを基準にパーツを作成していきましょう。

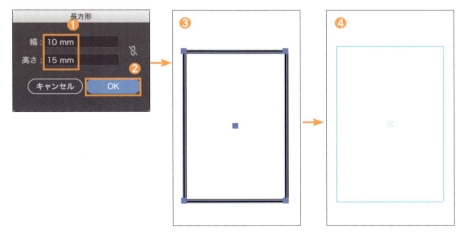

2 茎のパーツを作成し、ガイドの中央に配置します。茎のパーツは、[線幅]が[3pt]の直線パスです❶。葉のパーツは、楕円形の左端と右端のアンカーポイントを[アンカーポイントツール]でそれぞれクリックして❷、コーナーポイントに変換し、[回転ツール]で傾けたあと、配置します❸。これで罫線の基本パーツは完成です。

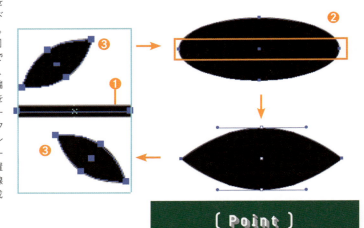

[Point]
各パーツの[塗り]や[線]のカラーは、すべて[C0 M0 Y0 K100]です。

3 続いて、先端用のパーツを作成します。あらかじめ、最初の手順と同じ要領で長方形のガイドを作成しておきます。そのあと、手順❷で作成した葉のパーツと同じものを再び作成してガイド中央に配置します。

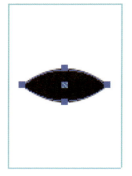

4 [選択ツール]で、command（Ctrl）+shiftキーを押しながら長方形ガイドをダブルクリックして、ガイドをパスに戻します。2つあるガイド、それぞれを戻しておきましょう。

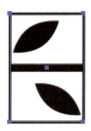 

罫線用ブラシを作成する

1 ガイドから戻した長方形2点を選択し、[塗り]と[線]両方とも[なし]の透明にしておきます。

2 続けて、[オブジェクト]メニュー→[重ね順]→[最背面へ]を実行して背面に送っておきます。

 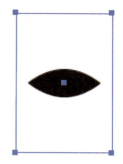

[Point]

ブラシに使うパーツを登録するとき、最背面に透明のオブジェクトがあれば、それがサイズの基準として使われます。存在しないときは、登録するオブジェクト全体の大きさがパーツの大きさになります。

3 最初に作った茎、葉のパーツと透明の長方形を選択して❶、[ブラシ]パネルの[新規ブラシ]をクリックします❷。

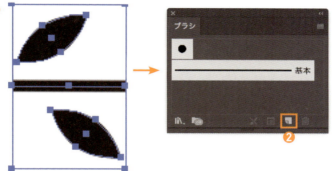

4 [新規ブラシの種類を選択]を[パターンブラシ]にして❶、[OK]をクリックし❷、❸の設定で実行します。ポイントは、[彩色]を[淡彩]にすることです❹。こうすることで、あとからブラシの色が自由に変更できるようになります。

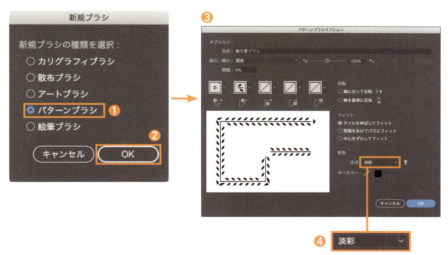

5 続いて、先端用のパーツと透明の長方形を選択し❶、[ブラシ]パネルの先ほど登録したブラシの右端の枠に option ([Alt])キーを押しながらドラッグ&ドロップします❷。ブラシ設定のダイアログが開いた場合は、そのまま[OK]をクリックします。これで、罫線用ブラシの完成です。

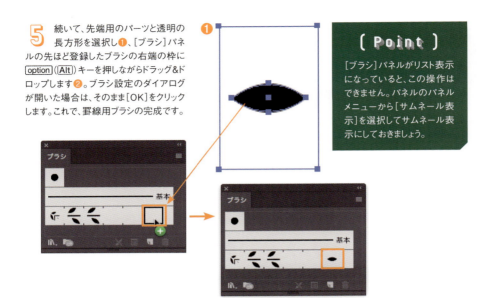

[Point]

[ブラシ]パネルがリスト表示になっていると、この操作はできません。パネルのパネルメニューから[サムネール表示]を選択してサムネール表示にしておきましょう。

ブラシを利用する

1 [ペンツール]などで適当な形のパスを作成し❶、[ブラシ]パネルから先ほど登録したブラシを選択します❷。太さは[線幅]で調整可能です❸。

2 通常のパスと同様に、[線]のカラーで罫線の色を変更できます。

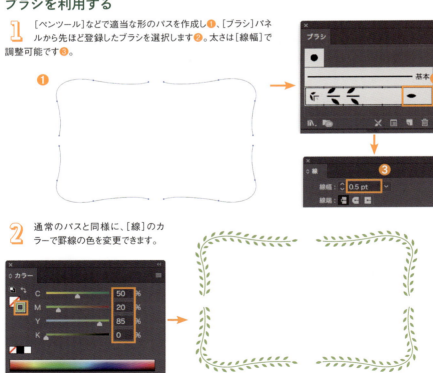

Part 2　オブジェクト・画像の効率ワザ

Tip 27

文字入りリボンのパーツを作りたい

↓

［ 伸縮範囲を限定したアートブラシを利用する ］

文字が入ったリボンのパーツでは、リボンの形状と文字をきれいに合わせるのがポイントとなります。アートブラシの機能を利用すれば、文字とリボンの形状が自動的にフィットするのでとても効率的です。

使用素材 [Tip27] folder → [Tip27_ribon.ai／Tip27_text.ai]

ベースとなるリボンのパーツを作成／登録する

1 まず、ベースとして使うリボンのパーツを作ります（Tip27_ribon.ai）。直線のみで構成された単純な形です❶。デザインは好みで自由にしても大丈夫ですが、文字が入る範囲だけは水平の直線にしておきましょう❷。ここでは、リボン全体がだいたい幅70mm、高さ20mmくらいの大きさにしました。

2 リボンのパーツを選択し、［ブラシ］パネルの［新規ブラシ］をクリックします❶。［新規ブラシの種類を選択］を［アートブラシ］にして❷、［OK］をクリックします❸。

97

アートブラシを設定する

1 ［アートブラシオプション］ダイアログが開きます。［ブラシ伸縮オプション］を［ガイド間で伸縮］にすると❶、左下のプレビュー画面に2本の破線が表示されます❷。これが、ブラシの伸縮範囲を指定するガイドです。これを左右にドラッグして移動し、リボンの両端の折り返しがそれぞれガイドの外になるように調整して❸、［OK］をクリックします❹。これでブラシの登録ができました❺。

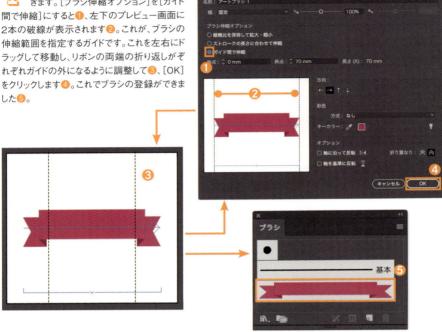

2 続いて、リボンに配置するためのテキストを作成しましょう（Tip27_text.ai）。テキストは、パス上文字として作成します（Tip44 P.152参照）。今回は❶のような形にしました。円弧に「Anniversary」という文字が中央揃えで配置されています。文字の設定は❷のとおりです。

(Point)

ここで使っている「Clarendon URW」のフォントは、CCユーザーならTypekitから同期して利用できます。Typekitが使えないときは近い形のフォントで代用し、サイズなどを微調整してください。

3　[選択ツール]でパス上文字を選択し、[書式]メニュー→[パス上文字オプション]→[パス上文字オプション]
を選択して、[パス上文字オプション]ダイアログを開きます。[パス上の位置]を[中央]に設定して❶、[OK]を
クリックします❷。文字の上下位置が、パスの中央に揃いました❸。このように、パス上文字オプションではパスに対
する文字の位置や角度などを変更できます。

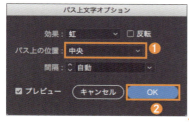

4　[ダイレクト選択ツール]で、テキストパス（パス上文字のパ
ス）だけを選択して❶、[ブラシ]パネルから、前ページの手
順1で登録したリボンパーツのブラシを選択します❷。

5　テキストパスにリボンのブラシが適用されました。リ
ボンの太さは[線幅]で調整可能です。ここでは
[0.9pt]としました。

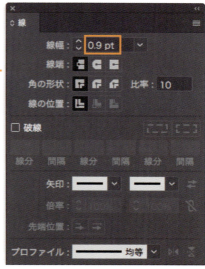

6 今のままだと文字が少し下に寄ってしまっているので、[文字]パネルで[ベースラインシフト]の値を変更して❶、文字とリボンが中央で揃うように調整します❷。

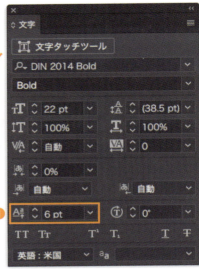

7 最後に、文字のカラーを変更すれば完成です。[ダイレクト選択ツール]を使ってテキストパスの形状を変えると、リボンと文字の形が自動的に調整されるのがポイントです。

Part 2　オブジェクト・画像の効率ワザ

Tip 28

写真をイラスト風に加工したい

［画像トレース］を使って白黒を塗り分けたイメージに変換する

［画像トレース］の機能を使うと、写真などのビットマップ画像をベクターに変換できます。これを利用して、白と黒で塗り分けたイラストのようなイメージに加工してみましょう。

Before　**After**

使用素材 [Tip28]folder→[Tip28_bird.psd]

写真をマスキング／ラスタライズする

1 まず、［ファイル］メニュー→［配置］を選択し、トレース元となる写真（Tip28_bird.psd）をIllustratorに配置します。画像トレースはPCにとって負荷が大きい機能ですので、トレースと関係ない範囲はあらかじめトリミングしておくといいでしょう。また、この写真は背景に草木などの余分なものが写っているので、これをマスキングします。［ペンツール］を使って、鴨の輪郭に合わせてパスを作成します。このパスと写真を両方選択し、［オブジェクト］メニュー→［クリッピングマスク］→［作成］を実行して余分な範囲をマスキングします。

(Point)
薄めの単色に近い背景のときは、今回のようにマスキングしなくても構いません。

2 マスキングした写真を選択し、[オブジェクト]メニュー→[ラスタライズ]を選択して、下の図のような設定で実行します。[解像度]を小さくすると最終のクオリティが下がってしまうので、比較的高め(300ppi以上)にするのがポイントです。ただし、高くしすぎると処理が重くなるので注意しましょう。

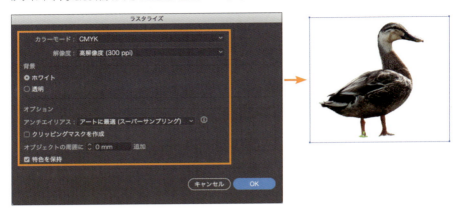

写真を白黒にして細部を調整する

1 ラスタライズした写真を選択し、[コントロール]パネルの[画像トレース]をクリックします❶。写真が白黒のイラスト調に変換されました❷。このままでもよいですが、鴨の顔が潰れてしまっているのでもう少し細部を調整してみましょう。

2 [画像トレース]パネルを開きます。このパネルでは、トレース時の状態を細かく設定できます。まず、濃度を調整してみましょう。[しきい値]の値では、白黒の比率を調整できます。多くなるほど黒い範囲が増えます。ここでは、鴨の表情が見えるように[75]としました❶。続いて、トレースの細かさを設定します。[詳細]の左にある三角のアイコンをクリックします❷。

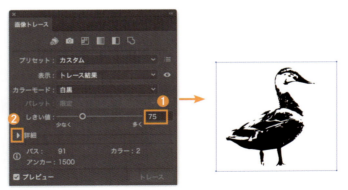

3. 詳細設定が表示されます。この中の[パス]、[コーナー]、[ノイズ]が細かさに関わる設定です。それぞれを❶のような設定にしました。[パス]を高め、[ノイズ]を低めにすることでより細かいディティールまでトレースされます❷。

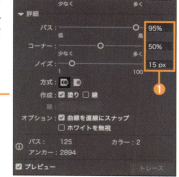

4. [オプション]の[曲線を直線にスナップ]をオフにしておくと、不自然に角張った形が緩和されます。直線や角の多い幾何学図などをトレースするときは有効ですが、今回のような有機的なイラストの場合は不要なので、オフにしました。

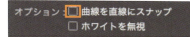

5. 続けて、[ホワイトを無視]をオンにします。これをオンにすると、白の範囲が透明になり、最終的に黒の範囲だけが残るようになります。ここまでできたら、トレースの設定は完了です。

6. あとは、[コントロール]パネルの[拡張]をクリックして❶、通常のパスに変換し❷、カラーなどを自由に変更すれば完成です❸。

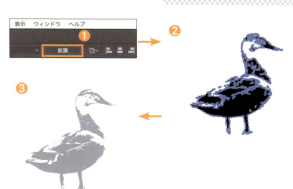

Part 2　オブジェクト・画像の効率ワザ

Tip 29

筆で描いたラインで円形の枠を作りたい

↓

［ 筆の画像をアートブラシに登録して利用する（CC以降） ］

CC以降のIllustratorでは、ラスター（ビットマップ）画像をアートブラシとして利用できます。実際に筆で描いたラインを取り込み、これを利用して円形の枠を作ってみましょう。

Before

After

使用素材　[Tip29]→[Tip29_brush.psd]

画像を調整して整える

1　［ファイル］メニュー→［配置］を選択し、筆のラインをスキャンしたグレースケールの画像（Tip29_brush.psd）をアートボードに配置します。使用する画像は、白い範囲に紙の質感やノイズが残らないよう、あらかじめ色調を補正しておくとよいでしょう。

[Point]

筆のラインは、なるべく水平になるように角度を調整しておきます。

2　配置画像には、「埋め込み」と「リンク」の2種類あります。配置画像を選択したときに対角線が表示される場合はリンクになっています。ブラシに使える画像は埋め込みのみなので、リンクになっている場合は［コントロール］パネルの［埋め込み］をクリックして❶、埋め込みに変換しておきます❷。

3　画像を選択し、［編集］メニュー→［カラーを編集］→［グレースケールに変換］を実行して、色味を完全になくしておきます。今回は、元が白黒だったので見た目の変化はほとんどありませんが、グレースケールに変換すると、画像への着色ができるようになります。

4 画像を選択した状態で[塗り]を変更すると、筆ラインの色が変わります。どのような色でも自由に変更できるので、好きな色にしておきましょう。ここでは、[C80 M75 Y20 K0]としました❶。これで下準備は完了です❷。

アートブラシとして登録して円形にする

1 [ブラシ]パネルを開き、[新規ブラシ]をクリックします❶。[新規ブラシの種類を選択]を[アートブラシ]にして❷、[OK]をクリックします❸。ブラシオプションはデフォルトのまま[OK]をクリックします❹。これで、画像がアートブラシとして登録されました❺。

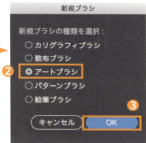

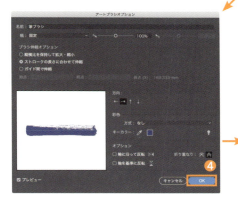

2 [楕円形ツール]で、適当なサイズの正円を作成します❶。[塗り]は[なし]に設定します❷。

3　[ブラシ]パネルから登録したアートブラシを選択します❶。筆のラインがパスに沿って円形になりました❷。

4　ブラシの太さは[線]パネルの[線幅]で調整可能です❶。ブラシの開始と終了の位置は、パスの始点と終点に連動しているので、正円を回転させて❷、希望の位置に持ってくるとよいでしょう❸。

5　ブラシを適用した円形を選択した状態で、[ブラシ]パネルの[選択中のオブジェクトのオプション]をクリックすると❶、ブラシストロークの設定を変更できます。[反転]の項目では❷、ブラシの方向や内外の向きを変えることも可能です。

Part 2　オブジェクト・画像の効率ワザ

Tip 30

写真を好きな形で切り抜きしたい

↓

クリッピングマスクを使って余分な範囲をマスキングする

Illustratorに配置した写真をトリミングするときは、クリッピングマスクを使うのが基本です。とてもよく使うベーシックな処理ですので、あらためて使い方を見直しておきましょう。

Before

After

使用素材 [Tip30]folder→[Tip30_cup.psd]

もっとも基本的なクリッピングマスクの利用方法

1 ［ファイル］メニュー→［配置］を選択し、アートボードに写真(Tip30_cup.psd)を配置します。今回は、カップの写真を使います。これを角丸長方形でトリミングしてみます。［角丸長方形ツール］を使って、トリミングしたい範囲の角丸長方形を作成し、写真の上に重ねます❶。サイズや角丸の半径は好みで自由に変更してOKです。写真と長方形を選択し、［オブジェクト］メニュー→［クリッピングマスク］→［作成］を実行すれば、トリミング完了です❷。

[Point]
クリッピングマスク化したグループのことを「クリップグループ」と呼びます。

2 クリップグループを選択してから［コントロール］パネルの［オブジェクトを編集］をクリックすると❶、マスクの中身（今回は写真）だけを編集できます。トリミングの位置や写真の大きさなどを変更したいときは、この方法を使います。逆にマスクのパスだけを編集するときは、［クリッピングパスを編集］をクリックします❷。

[Point]
一度選択を解除すると、オブジェクトの編集モードは解除されます。

［オブジェクトを編集］では、ドラッグで位置を変更できる

複合パスで切り抜きを行う

1 カップの形に合わせた切り抜きをしてみましょう。前ページの手順1と同じ手順で、カップの写真を再度アートボードに配置し、[ペンツール]を使って、カップの輪郭に合わせたパスを作成します。持ち手の内側もパスを作成しておきましょう。

2 今回は、カップの外側と持ち手の内側で合計2つのパスができています。このように、複数のパスを使ってクリッピングマスクにするときは、事前にパスを複合パス化しておく必要があります。すべてのパスを選択し、[オブジェクト]メニュー→[複合パス]→[作成]を実行します。ちなみに、複合パスの状態は[塗り]を設定してみるとわかります。

複合パスになっている　　　　複合パスになっていない

3 あとの手順は同じです。パスと写真を選択し、[オブジェクト]メニュー→[クリッピングマスク]→[作成]を実行します。これで切り抜きの完成です。

4 アウトライン化したテキストを使ってマスキングするときも、複数のパスがあるので事前に複合パスにしておくとよいでしょう。このように、お互いが重なり合っていないパスでも、複合パス化することで1つのパスとして扱えます。

[Point]

クリッピングマスクを解除するには、[オブジェクト]メニュー→[クリッピングマスク]→[解除]を選択します。

Part 3

オブジェクト配置の効率ワザ

Part 3　オブジェクト配置の効率ワザ

Tip 31

特定のオブジェクトを基準に整列させたい

⬇

[キーオブジェクトを設定してから整列を実行する]

整列の基準は、「選択範囲」、「アートボード」、「キーオブジェクト」の3つから選択できます。このうち、キーオブジェクトを利用することで、任意のオブジェクトを動かさずに整列が可能です。

使用素材 [Tip31]folder→[Tip31_icons.ai]

キーオブジェクトを指定して[整列]パネルで実行する

1 ここに、青、赤、緑、黄のアイコンがあります（Tip31_icons.ai）。これらすべてを、青のアイコンの上端に揃えてみましょう。まず、アイコンをそれぞれグループ化した上で、すべてのオブジェクトを選択します。なお、ここでは基準位置がわかりやすいようにガイドを入れています。

2 続いて、キーオブジェクトを指定しましょう。[選択ツール]で対象のオブジェクトを一度クリックするだけです。ここでは、青のアイコンをクリックします。キーオブジェクトに指定されたものは、選択枠が強調表示されます。

3. 続いて[整列]パネルを開き、[垂直方向上に整列]をクリックします。

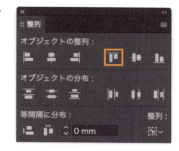

4. すべてが、青色のアイコンの上端に揃いました。

(Point)

オブジェクト同士を指定した距離で等間隔に分布したい

キーオブジェクトと距離を設定してから[等間隔に分布]を実行すれば、オブジェクト同士を指定した距離で等間隔に配置できます。方法は手順❷までと同じように操作し、[整列]パネルを開いたら、[等間隔に分布]にあるフィールドに[10mm]と入力❶、[水平方向等間隔に分布]をクリックします❷。ここでは青のアイコンを基準にしましたが、すべてが10mmの距離で等間隔に配置されました。間隔を0mmにすると、オブジェクト同士が密着します。なお、[整列]パネルに[等間隔に分布]が表示されていないときは、パネルメニューから[オプションを表示]を選択します。

Part 3　オブジェクト配置の効率ワザ

均等間隔のガイドを素早く作りたい

［ 段組設定で追加したガイドを利用する ］

段組設定を使うと、長方形を指定した数で分割できます。また、分割のラインにパスを追加できるため、これをガイドとして利用します。

長方形を作成する

1 今回は、A4サイズのアートボードを垂直方向に10等分するガイドを作成してみましょう。まず、ガイドを作成したいエリアの大きさで長方形を作成します。[長方形ツール]でアートボードと同じサイズ（幅210mm、高さ297mm）の長方形を作成し、アートボードとぴったり同じ位置に配置します。[塗り]や[線]は自由でOKです。

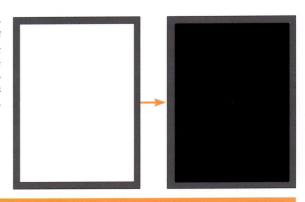

［ Point ］

[表示]メニュー→[スマートガイド]でスマートガイドを表示しておくと、アートボードでガイドが表示されるので、正確な長方形が簡単に作成できます。

2 長方形を選択し、[オブジェクト]メニュー→[パス]→[段組設定]を選択します。[段組設定]ダイアログが表示されるので、ひとまず[プレビュー]のチェックをオンにしておきましょう。

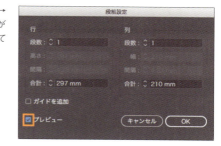

ガイドを追加して不要なものを削除する

1 [行]は横方向、[列]は縦方向に長方形を分割します。ここでは縦に分割したいので、[列]の[段数]を[10]❶、[間隔]を[0mm]に設定し❷、[ガイドを追加]のチェックをオンにします❸。アートボードのサイズから少し外側にはみ出るように、ガイドとなるパスが追加されました❹。このまま[OK]をクリックします❺。

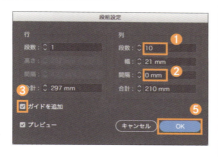

(Point)
ガイドがアートボードからはみ出す距離は、35.278mm（ピクセル換算で100ピクセル）です。

2 元の長方形を選択して削除します。もしアートボードの上端と下端に水平方向のパスが追加されていれば、それも合わせて削除しておきましょう。これで、垂直方向のガイドとなるパスだけが残りました。

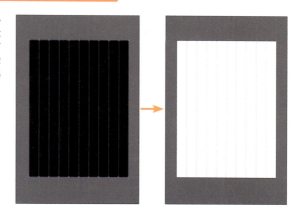

3 今回のように、[間隔]を[0mm]にしてガイドを追加した場合、両サイド以外のパスは2本が重なって作成されています。試しに、どれか1本を[ダイレクト選択ツール]でドラッグすると、隠れているもう1本のパスが表示されます。このままでも問題はありませんが、不要なものはできるだけ削除しておいたほうがよいでしょう。

削除する

4 手順❸でパスを移動した場合は、command(Ctrl)+Zで取り消ししておきます。command(Ctrl)+Aですべてのパスを選択し❶、[パスファインダー]パネルの[アウトライン]をクリックします❷。線の設定がすべて消えてしまいますが❸、これで重なったパスはすべて削除されます。

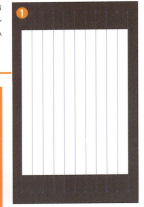

❶

❸

[Point]

shiftキーを押しながら[ダイレクト選択ツール]でクリックしていく選択では重なったパスが選択できないので、必ずcommand(Ctrl)+Aですべてを選択します。

[Point]

[アウトライン]を実行しても重なったパスが消えないときは、[パスファインダー]パネルのパネルメニューから[パスファインダーオプション]を開き、[余分なポイントを削除]と[分割およびアウトライン時に塗りのないアートワークを削除]のチェックをオフにします。

5 パスをすべて選択した状態で、[表示]メニュー→[ガイド]→[ガイドを作成]を実行し、ガイドに変換すれば完了です。

[Point]

ガイドへの変換はよく使うので、ショートカットキーのcommand(Ctrl)+5を覚えておくとよいでしょう。

Part 3 ── オブジェクト配置の効率ワザ

Tip 33

簡単に段組みを作りたい

↓

エリア内文字オプションを使って
テキストエリアを分割する

エリア内文字オプションを使うことで、テキストエリアを複数の段に分割できます。これを利用すれば、効率的な段組みの作成が可能です。

> 本州と四国、さらに九州に囲まれた内海、瀬戸内。日本国内でも珍しく個性的な地形だ。点在する無数の島々には 3 つの地域の文化が穏やかに混ざり合い、悠久の歴史の中で色濃く熟成されていく。穏やかな気候と風土に育まれた独自の歴史や文化には、非常に興味深いものが多く、同時に数多くの史跡が存在している。本特集では、本州、四国、九州の主要な史跡を訪ね、瀬戸内沿岸の歴史を紐解く旅だ。散策に適したこれからの季節、ゆっくりと
>
> 愛媛県松山市より南予方面へ向けて車を走らせること約 1 時間。歴史風情の漂うまち、喜多郡内子町へとたどり着く。木蝋で栄えた内子町は、今もなお江戸後期から明治時代の趣を残しており、八日市護国地区は美しい白壁のまちなみをそのまま保護している。国の重要伝統的建造物群保存地区に選定されているほか、エコロジータウンうちこをキャッチフレーズに、むらなみの保存運動も展開されている。中でも、大正 5 年に建築された内子座は、
>
> 性的な地形だ。点在する無数の島々には 3 つの地域の文化が穏やかに混ざり合い、悠久の歴史の中で色濃く熟成されていく。穏やかな気候と風土に育まれた独自の歴史や文化には、非常に興味深いものが多く、同時に数多くの史跡が存在している。本特集では、本州、四国、九州の主要な史跡を訪ね、瀬戸内沿岸の歴史を紐解く旅だ。散策に適したこれからの季節、ゆっくりと文化と歴史に触れ合う時間を作ってみよう。ぜひ、今季の旅の参考にしては

事前設定と段組みについて確認する

1 今回は、文字の単位に級（Q）と歯（H）を使います。いずれも日本語の文字組みに多く用いられる単位で、1Q（1H）あたりが0.25mmです。ptに比べてmm換算しやすいのが特徴です。［Illustrator CC］（Windowsは［編集］）メニュー→［環境設定］→［単位］を開き、［文字］を［級］に❶、［東アジア言語のオプション］を［歯］に変更しておきましょう❷。

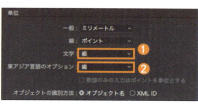

(Point)
［Illustrator CC］メニューは、バージョンによって「CC」の部分が異なります。

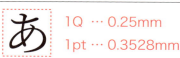

2 作業に入る前に、段組みについて簡単におさらいしておきましょう。「版面」と呼ばれるエリアを均等に分割し、その中に文章を流し込むレイアウトが段組みです。このとき、分割によって生まれた文章のエリアを「段」、それらの間隔を「段間」と呼びます。

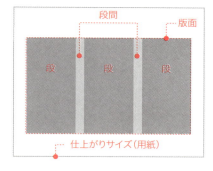

段組み全体（版面）となるテキストボックスを作成する

1 段のサイズは、通常1行あたりの文字数から計算します。例えば、12Qが17文字入るようにするときは、12Q（3mm）×17＝51mmとなり、1段の幅は51mmとなります。段間は3文字分（9mm）として、右のような3段組みを作成してみましょう。

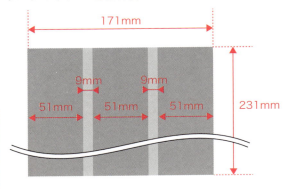

(Point)
本来の段組設計では、段の高さも行送りなどから計算して求めますが、今回は割愛しています。

2 まずは、段組み全体（版面）となる長方形から作成します。幅51mmの段が段間9mmで横に3つ並ぶため、段組み（版面）全体の幅は171mmとなります。[長方形ツール]でアートボードをクリックして、[幅]を[171mm]に、[高さ]を[231mm]に設定したら❶、[OK]をクリックします❷。

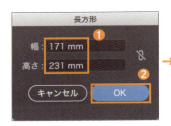

3 [エリア内文字ツール]で長方形の境界をクリックして、テキストボックスに変換します❶。[文字]パネルと[段落]パネルで、それぞれ❷、❸のように設定します。

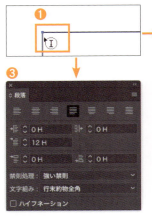

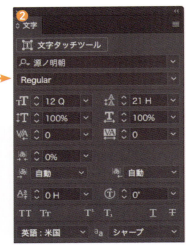

4 文字の体裁を整えたら、サンプルとなる文章を流し込んでおきましょう。

[Point]
CC 2017以降では、テキストが入力できる状態にしておいて、[書式]メニュー→[サンプルテキストの割り付け]でダミーテキストを挿入できます。

3段組みを作成する

1 先ほど作成したエリア内文字を選択し、[書式]メニュー→[エリア内文字オプション]を選択します。ここでは、エリア内文字に関するさまざまな設定ができます。この中の[行]と[列]が段組みの作成に関わるオプションです。ひとまず[プレビュー]のチェックをオンにしておきます❶。今回は横組みになるので、段の分割は「列」を使います。[段数]に[3]と入力❷、[間隔]に段間1つ分の幅を入力します。ここでは[9mm]としましょう❸。入力された値を元に、サイズ（段落幅）は自動で決まります。[OK]をクリックしてオプションを適用します❹。

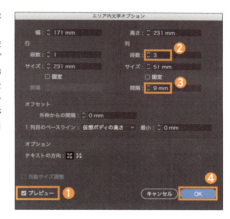

2 これで、複数の段に分割されたエリア内文字ができました。本番用の文章に置き換えて完成です。再びエリア内文字オプションを開くことで、簡単に段の数やサイズなどの変更ができます。

[Point]
エリア内文字オプションで、[段数]や[間隔]によって[サイズ]の値を勝手に変更したくない場合は、[固定]のチェックをオンにしておきます。

Part 3　オブジェクト配置の効率ワザ

オブジェクトの大きさや位置をランダムにしたい

↓

[[個別に変形]の[ランダム]機能を利用する]

デザイン全体に動きを出すため、パーツをランダムに配置していくことがあります。もちろん、手動で1つずつ編集してもよいですが、[個別に変形]の[ランダム]オプションを使うことで、より効率的に作業できます。

オブジェクトを作成する

1　[長方形ツール]で幅が150mm、高さが100mmの長方形を作成し❶、[カラー]パネルで、[塗り]を[C0 M20 Y85 K0]に❷、[線]を[なし]に設定します❸。今回は、この長方形のエリアの中に円のパーツをランダムに配置していきます。

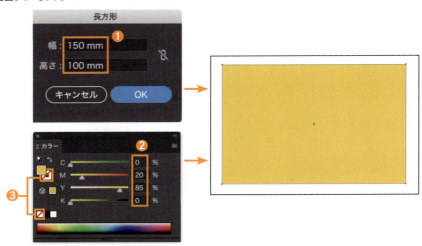

2　[楕円形ツール]で直径が10mmの正円を作成し❶、[カラー]パネルで、[塗り]を[C5 M0 Y90 K0]に❷、[線]を[なし]に設定します❸。この正円がランダム配置するパーツです。背景の長方形から、左上へ少しはみ出たあたりに配置します❹。

[Point]

背景の長方形が作業の邪魔になるときは、長方形を選択して[オブジェクト]メニュー→[ロック]→[選択]を実行し、選択ができないようにロックしておくとよいでしょう。

オブジェクトを複製する

1　正円パーツを、[選択ツール]で option([Alt])キーを押しながら右方向へドラッグし、複製を作ります❶。正円同士の間隔は適当で問題ありません。複製した正円を選択し❷、command([Ctrl])+Dキーで複製を繰り返します。背景の幅いっぱいから少しはみ出るくらいまで、command([Ctrl])+Dキーを押して複製を増やしましょう❸。

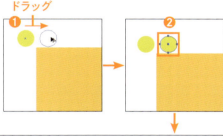

[Point]

ドラッグ時に shift キーを併用することで、角度を正確な水平に固定できます。

2　正円パーツをすべて選択し、今度は下方向へ[選択ツール]で option([Alt])+ドラッグして複製します❶。先ほどと同様に command([Ctrl])+Dを数回押し、背景の下から少しはみ出るくらいまで複製を増やします❷。

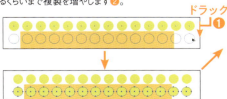

オブジェクトを変形させてランダムに配置する

1 正円パーツをすべて選択し、[オブジェクト]メニュー→[変形]→[個別に変形]を選択します。この機能は、オブジェクト1つずつを個別に変形します。[プレビュー]のチェックがオンになっていることを確認し❶、試しに[拡大・縮小]の[水平方向]と[垂直方向]を両方とも[20%]に変更してみましょう❷。通常の拡大・縮小とは異なり、正円1つずつの中央を基準にサイズが変わっているのがわかります。

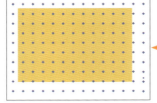
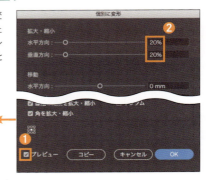

2 ここで[ランダム]のチェックをオンにしてみます❶。正円の大きさが、1つずつバラバラになりました。[ランダム]を有効にすることで、オリジナルの大きさから、指定した倍率までの間でランダムに変形の値が変化します❷。これを利用すれば、ランダムな配置が実現します。

3 現状は、大きさだけがランダムなので、まだ少し規則的に見えています。今度は[移動]の[水平方向]と[垂直方向]を両方とも[10mm]に変更してみましょう❶。位置もランダムに変化することで、より不規則な感じになりました。[OK]をクリックして変形を確定します。

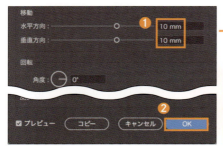
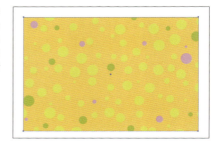

[Point]
[ランダム]による変化の状態は、チェックをオン、オフするたびに変わります。気に入った状態になるまで繰り返してみるとよいでしょう。

4 [個別に変形]はあくまで機械的なランダム処理なので、一部の正円が重なっていたり、配置が偏っていたりすることもあります。このような箇所は、[選択ツール]を使って手動でバランスを調整していきます。一部の正円の色を変えて変化を強調し、はみ出した部分をマスキングすれば完成です。

Part 3　オブジェクト配置の効率ワザ

Tip 35

用紙の裁ち落としから指定の距離でガイドを作成したい

↓

[パスのオフセットで指定距離のパスを作成し、ガイドに変換する]

用紙の周囲にマージン（余白）を設けるのはデザインの基本です。レイアウト作業の前に、このマージンの目安になるガイドを作成しておくと、余白のイメージがつかみやすくなります。

長方形を作成してアートボードにフィットさせる

1 今回は、A4の用紙を前提として解説します。[ファイル]メニュー→[新規]を選択し、上部タブの[印刷]をクリックして❶、ドキュメントプリセットから[A4]を選択し❷、[作成]をクリックします❸。以前のバージョンの新規ドキュメント画面を使っているときは、[詳細設定]をクリックして❹、[プロファイル]から[プリント]を選択し❺、[サイズ]を[A4]にします❻。[OK]をクリックすると（あるいは[ドキュメント作成]）❼、A4サイズのアートボードで、新規書類が作成されます。

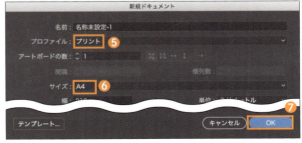

121

2 A4サイズの長方形を作成します。[長方形ツール]でアートボード上をクリックし、[幅]を[210mm]に、[高さ]を[297mm]に設定して❶、[OK]をクリックします❷。[塗り]を[なし]に❸、[線]のカラー[C0 M0 Y0 K100]に❹、[線]パネルの[線幅]を[1pt]に設定します❺。

3 長方形を選択し、[整列]パネルの[整列]を[アートボードに整列]に設定して❶、[水平方向中央に整列]❷、[垂直方向中央に整列]をクリックします❸。長方形がアートボードにぴったり整列しました。

[Point]
[整列]パネルに[整列]のオプションが表示されていないときは、パネルメニューから[オプションを表示]を選択します。

ガイドを作成する

1 今回は、用紙の周囲に10mmの余白を取ってみましょう。長方形を選択し、[オブジェクト]メニュー→[パス]→[パスのオフセット]を選択し、表示される[パスのオフセット]ダイアログで[オフセット]を[-10mm]に設定して実行します❶。これで、アートボードの端から10mmずつ縮小されたパスが作られました❷。

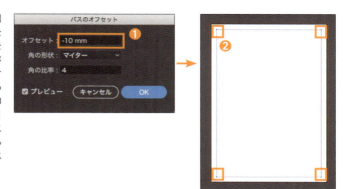

2 縮小されたパスを選択し、[表示]メニュー→[ガイド]→[ガイドを作成]を実行してガイドに変換します。あとは、アートボードサイズの長方形を削除すれば完成です。

3 ここで作成したガイドは天地左右の余白が均一でしたが、天地と左右で幅が違うときはもうひと手間必要です。天地方向に18mm、左右方向に12mmのガイドを作る場合を考えましょう。再び新規ドキュメントを作成し、P.121の手順❶から❸までを同様の手順で進めます。

〔 **Point** 〕
ガイドへの変換はよく使うので、ショートカットキーの command (Ctrl) + 5 を覚えておくとよいでしょう。

4 長方形を選択し、[効果]メニュー→[形状に変換]→[長方形]を選択して、[形状オプション]ダイアログを表示します。

5 ［オプション］の項目で［サイズ］を［値を追加］に設定します❶。［幅］と［高さ］に、それぞれ天地と左右の余白をマイナス付きの数値で入力します。ここでは、［幅］を[-12mm]に❷、［高さ］を[-18mm]に設定とします❸。［OK］をクリックして❹、効果を適用します。

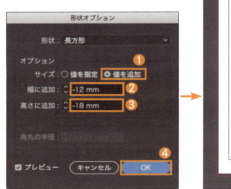

6 ［オブジェクト］メニュー→［アピアランスを分割］を実行したあと、縮小されたパスをガイドに変換します。オフセットの場合と異なり、アートボードサイズのパスは残らないのでこれで完成となります。

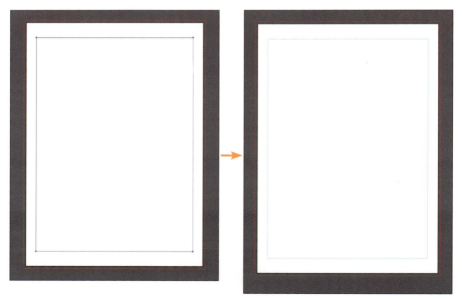

Part 3　オブジェクト配置の効率ワザ

Tip 36

正確な位置にガイドを作りたい

所定の位置に通常のパスを作成したあと ガイドに変換する

ガイドは、定規からドラッグで引き出して配置するのが一般的ですが、狙った位置に合わせづらいことがあります。数値で正確に位置を決めたいときは、パスをガイドに変換する方法が有効です。

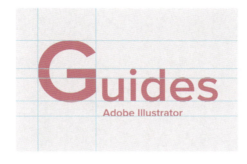

定規の基準をアートボードにする

 今回はアートボードを基準として座標を設定していくので、事前に[表示]メニュー→[定規]→[アートボード定規に変更]を実行し、定規の種類をアートボード定規にしておきます。なお、[表示]メニュー→[定規]の中に[ウィンドウ定規に変更]の項目しかないときは、すでにアートボード定規になっているため選択の必要はありません。

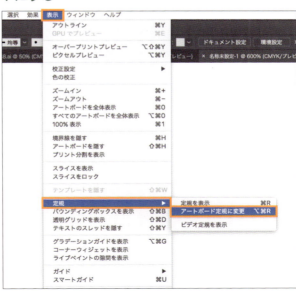

(Point)
ドキュメントに定規が表示されているときは、定規を右クリックして種類を変更することもできます。

パスを作成してガイドに変換する

1 A4サイズのアートボードの左端から30mmの位置に、垂直方向のガイドを設置してみましょう。[直線ツール]でアートボードをクリックして❶、[長さ]を[297mm]に❷、[角度]を[270°]に設定し❸、[OK]をクリックします❹。垂直の直線パスが作成されました❺。

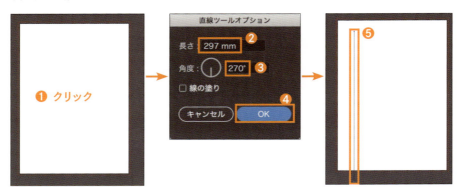

2 直線パスを選択し、[変形]パネルを開きます。[X]を[30mm]に❶、[Y]を[0mm]に設定すると❷、直線パスがアートボードの左端から30mmの位置に移動します❸。[表示]メニュー→[ガイド]→[ガイドを作成]を実行してガイドに変換すれば完了です❹。このように、パスを使えばどのようなガイドでも自由に作成可能です。

[Point]

ガイドへの変換はよく使うので、ショートカットキーの command / Ctrl + 5 を覚えておくとよいでしょう。

Part 3 ── オブジェクト配置の効率ワザ

Tip 37

線幅や効果を含めたサイズを基準にしたい

↓

[[プレビュー境界を使用]のオプションを有効にする]

初期設定では、オブジェクトとのサイズはパスを基準として計算されますが、[プレビュー境界を使用]のオプションを使うことで、見た目の外側をサイズの基準にできます。

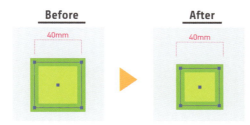

[変形]パネルの数値を確認する

1. まず、40mm四方の正方形を作成してみましょう。[長方形ツール]でアートボードをクリックし、[幅]を[40mm]に❶、[高さ]を[40mm]に設定し❷、[OK]をクリックします❸。[塗り]を[C20 M0 Y100 K0]に❹、[線]を[なし]に設定します❺。サイズは[変形]パネルで確認できます。現在は、[W]、[H]ともに[40mm]となっています❻。

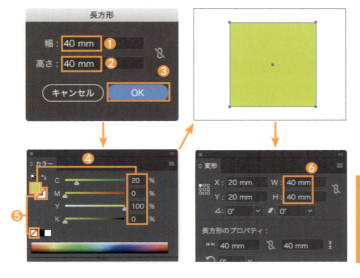

[Point]
サイズの確認は[情報]パネルでも可能です。

2　[線]パネルの[線幅]を[20pt]に❶、[線の位置]を[線を中央に揃える]に設定して❷、[線]のカラーを[C50 M0 Y100 K0]に変更しました❸。見た目は明らかに大きくなっていますが❹、[変形]パネルが示す数値に変化はありません❺。

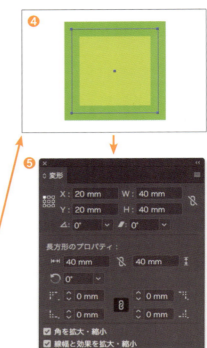

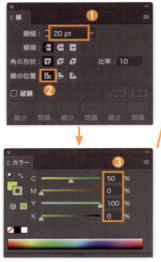

[プレビュー境界を使用]をオンにする

1　[整列]パネルを開き、パネルメニューから[プレビュー境界を使用]を選択してチェックをオンにします❶。この状態で[変形]パネルを確認すると、[W]、[H]には線幅を含めたサイズが表示されます❷。

2 [線]なしの正方形を作成し❶、[プレビュー境界を使用]がオンの状態で[整列]パネルの[水平方向左に整列]を実行してみました❷。整列の基準が、線の外側になっていることがわかります❸。このように[プレビュー境界を使用]がオンのときは、整列もプレビューでの見た目の大きさが基準となります。状況により使い分けるとよいでしょう。

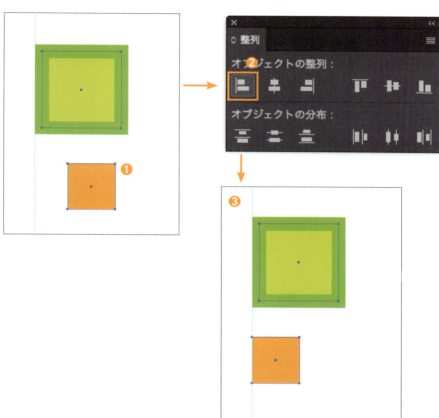

3 [プレビュー境界を使用]がオンになっていても、ドロップシャドウなどの効果はサイズに含まれません。しかし、普段の作業ではプレビュー境界を使っているかどうかを明確に判断しづらいため、普段はオフにしておいて、必要なときだけオンにするのがおすすめです。

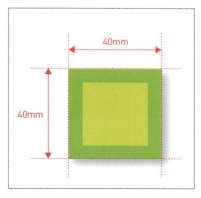

Part 3　オブジェクト配置の効率ワザ

Tip 38

同じオブジェクトを等間隔で増やしたい

⬇

[変形効果を使ってオブジェクトの複製を増やす]

オブジェクトを等間隔で並べるときは、一度複製を実行したあと変形の繰り返しを行うのが一般的ですが、変形効果を利用すると、あとからオブジェクト同士の距離や数を簡単に変更できるというメリットがあります。

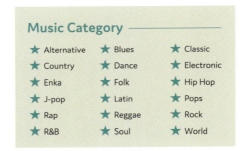

ベースとなる2のオブジェクトを作成する

 ［スターツール］でアートボードをクリックし、［第1半径］を［6.5mm］に ❶、［第2半径］を［2.5mm］に ❷、［点の数］を［5］に設定して ❸、［OK］をクリックします ❹。［線］は［なし］❺、［塗り］は［C80 M10 Y45 K0］としました ❻。

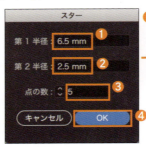
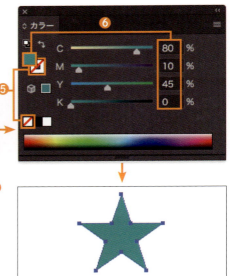

130

2 [文字ツール]で適当なポイント文字を作成し、星の横に並べます❶。ここでは、文字の設定を❷のようにしました。次に、星と文字を選択してグループ化しておきます❸。この星と文字のセットを、水平方向に3個、垂直方向に6個並べてみましょう。

[Point]

ここで使っている「Domus Light」のフォントは、CCユーザーならTypekitから同期して利用できます。Typekitが使えないときは近い形のフォントで代用してください。

[変形効果]を利用する

1 星と文字のグループを選択した状態で、[効果]メニュー→[パスの変形]→[変形]を選択します。[変形効果]ダイアログでは、[プレビュー]のチェックをオンにして、効果の状態をリアルタイムで確認できるようにしておきます。

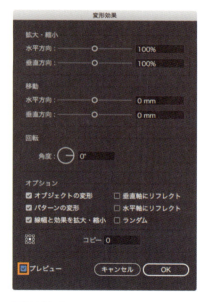

2 ひとまず、[移動]の[水平方向]を[85mm]にしてみます❶。星と文字のグループがそのまま右方向へ85mm移動しました❷。

3 続けて、[コピー]の数字を[1]に変更してみましょう❶。元のグループが表示され、移動した方と合わせて2個になりました❷。このように、[コピー]の数字を増やすことで、変形効果を複製として利用できます。

4 [コピー]の数字を[2]に変更してみましょう❶。元の星と合わせて合計3個になりました❷。このまま[OK]をクリックします❸。水平方向の複製はこれで完了です。

[Point]

[コピー]の数字は、キーボードの上下矢印キーでも増減できます。

5 続いて、垂直方向に複製を増やしてみましょう。再び[効果]メニュー→[パスの変形]→[変形]を選択します。[プレビュー]のチェックをオンにして❶、今度は[移動]の[水平方向]を[0mm]❷、[垂直方向]を[18mm]とし❸、[コピー]を[5]とします❹。3個横並びになった星のセットが、垂直方向に5つ複製されました❺。このまま[OK]をクリックします❻。

[Point]

効果の追加時にメッセージが表示されたときは、[新規効果を適用]をクリックしてそのまま進めます。

6 ［アピアランス］パネルを確認すると、2つの［変形］が追加されています。上が水平方向の複製、下が垂直方向の複製です。それぞれの文字をクリックすることで、いつでも変形効果の内容を編集できるので、図形同士の距離や複製の個数も簡単に変更できます。

アピアランスを分割して文字を書き換える

1 今の状態だと、すべて同じ文字が繰り返されているので、文字を個別に編集できるようにしてみましょう。［オブジェクト］メニュー→［アピアランスを分割］を実行すると、効果が分割されて実際のオブジェクトになります。あとは、項目ごとに文字を書き換えれば完成です。

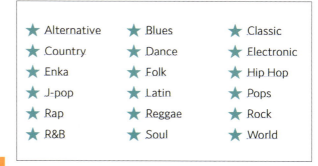

[Point]
すべて同じものを繰り返すだけなら、アピアランスの分割をせずに効果のままにしておいてもOKです。

Part 3 ── オブジェクト配置の効率ワザ

Tip 39

コピーしたときのレイヤーを維持してペーストしたい

↓

[[コピー元のレイヤーにペースト]オプションを有効にする]

オブジェクトをコピー&ペーストする際、レイヤー構造をそのまま維持しておくためには、[コピー元のレイヤーにペースト]オプションを有効にします。

使用素材 [Tip39]folder→[Tip39_map.ai]

必要なオブジェクトをコピーする

1 今回は、上の図にある地図のデータを使います(Tip39_map.ai)。この地図は、道路や文字など要素の種類に応じてレイヤーに分類されています。文字と施設位置を表す丸印以外のすべてを、別のドキュメントにコピー&ペーストする手順で試してみましょう。

2 まず、文字と施設位置の丸印以外を選択するため、[テキスト]と[施設位置]のレイヤーをロックします。この状態で、command([Ctrl])+Aを押してすべてを選択し、command([Ctrl])+Cでクリップボードにコピーします。

新規書類を作ってレイヤーをペーストする

1 A4サイズのアートボードで新規書類を作成します。

[Point]
A4サイズのアートボードで新規ドキュメントを作成する方法は、P.121の手順1を参考にしてください。

2 ［レイヤー］パネルを開きます。新規ドキュメントなので、当然「レイヤー1」という1つのレイヤーしか存在しません❶。パネルメニューを開き、［コピー元のレイヤーにペースト］を選択してチェックをオンにします❷。

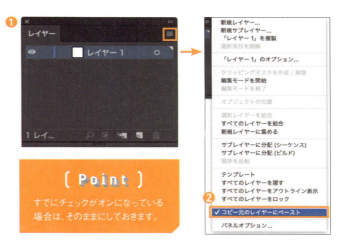

[Point]
すでにチェックがオンになっている場合は、そのままにしておきます。

3 command（Ctrl）+Vでペーストを実行すると、コピー元と同じレイヤーが自動的に作成され、構造を維持したままペーストができます。

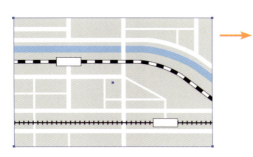
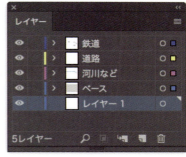

レイヤーの仕組みと構造を理解する

1 ペースト時、同じ名前のレイヤーがすでに存在する場合はどうなるか試してみましょう。[command]([Ctrl])＋[Z]キーでペースト前の状態まで戻ったら❶、新規レイヤーを追加して、❷のようなレイヤー構造を作成します。

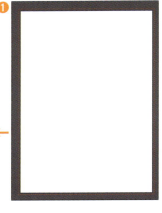

2 [command]([Ctrl])＋[V]でペーストを実行します❶。同じ名前のレイヤーが存在するときは、そのレイヤーにペーストされます❷。ちなみに、ペースト先のレイヤーがロックや非表示になっているときは、解除するかどうかのメッセージが表示されます❸。

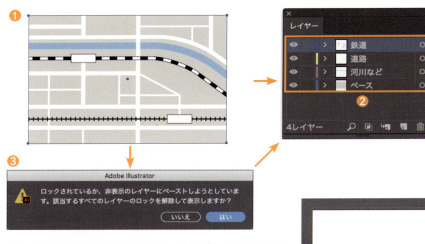

3 最後に、[コピー元のレイヤーにペースト]オプションがオフのときを試してみましょう。[command]([Ctrl])＋[Z]を繰り返して最初の状態に戻します。

4 ［コピー元のレイヤーにペースト］を選択してチェックをオフにします❶。command＋Vでペーストすると❷、現在のアクティブレイヤーにすべてが統合されてまとまります❸。

(Point)

作業内容によってはレイヤーが1つにまとまった方がよい場合もあるため、必要に応じてオプションを使い分けるとよいでしょう。

Part 3　オブジェクト配置の効率ワザ

Tip 40

複数のレイヤーやオブジェクトを1つにまとめたい

↓

[**レイヤーを結合したり、新規レイヤーに集めたりする**]

Illustratorにおけるレイヤーの結合とは、レイヤーに分けて管理してあるものを、単一のレイヤーにまとめることです。目的に応じていろいろな手法がありますので、主要なものを中心に解説します。

Before

After

使用素材 [Tip40]folder→[Tip40_layer.ai]

基本的な方法でレイヤーを結合する

1 今回は、枠内に文字が配置された4つのパーツのデータ（Tip40_layer.ai）をサンプルとして使います。枠と文字を1セットとして、「TEXT 1」～「TEXT 4」までの4つのレイヤーに分かれています。

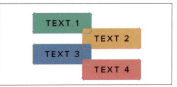

2 まず、最も基本的なレイヤーの結合を試してみましょう。[レイヤー]のパネルメニューから[すべてのレイヤーを結合]を選択します。

3 一番上のレイヤーに、すべてのオブジェクトがまとまります❶。なお、レイヤーを結合してもオブジェクト同士の重ね順は維持されます❷。

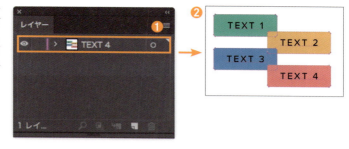

(Point)

オブジェクトのロックや非表示はそのまま維持されますが、レイヤーのロックは解除されます。非表示になっているレイヤーがある場合はメッセージが表示され、対象レイヤーを破棄するかどうか選択できます。

一部のレイヤーだけを結合する

1 次に、一部のレイヤーだけを結合する方法を解説します。[ファイル]メニュー→[復帰]を実行してデータを最初の状態に戻しておきます。[レイヤー]パネルで結合したいレイヤーだけを選択します。command（Ctrl）キーを押しながらクリックすると、複数のレイヤーが選択できます。ここでは、「TEXT 1」と「TEXT 2」を選択しました。

2 [レイヤー]パネルのパネルメニューから[選択レイヤーを結合]を選択します。

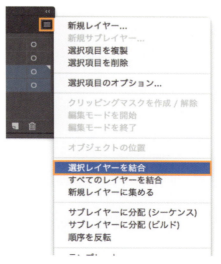

3 対象レイヤーの内容が現在のアクティブレイヤーにまとまります。

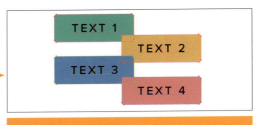

(Point)

基本的に、[レイヤー]パネルで最後にクリックしたレイヤーがアクティブレイヤーになります。アクティブレイヤー名の右上隅には、小さな三角マークが表示されています。

任意のオブジェクトを新規レイヤーにまとめる

1 続いて、選択したオブジェクトだけを新規レイヤーにまとめる方法を解説します。先ほどと同様に、[ファイル]メニュー→[復帰]を実行してデータを最初の状態に戻しておきます。[選択ツール]で、1つにまとめたいオブジェクトだけを選択します。選択するオブジェクトは、同一レイヤー内のみでも、別レイヤーにまたがっていても構いません。ここでは、4つのパーツの文字だけを選択しました。

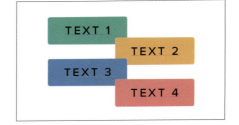

2 [レイヤー]パネルで[新規レイヤーを作成]をクリックして❶、新規のレイヤーを作成したら❷、[オブジェクト]→[重ね順]→[現在のレイヤーへ]を実行します。

3 これで、選択オブジェクトはすべて新規レイヤーにまとまります。

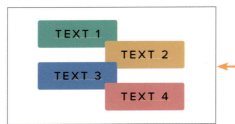

レイヤー構造を維持しながら1つにまとめる

1 最後に、レイヤー構造を維持しながら1つにまとめる方法を解説します。Illustratorでは、レイヤーの中にさらにレイヤーを含めることが可能です。このとき、レイヤーの中にあるレイヤーを「サブレイヤー」と呼びます。現在のレイヤー構造をサブレイヤーとして1階層下げ、1つのレイヤーにまとめてみましょう。

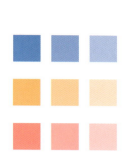

2 [ファイル]メニュー→[復帰]を実行してデータを最初の状態に戻し、[レイヤー]パネルで対象となるレイヤーだけを選択します。ここでは、「TEXT 1」、「TEXT 2」、「TEXT 3」のレイヤーを選択しました。

3 パネルメニューから[新規レイヤーに集める]を選択します❶。新しいレイヤーが作成され、その中に対象レイヤーがサブレイヤーとしてまとまりました❷。レイヤーとしてのグルーピングを維持しながらひとまとまりとして扱えるので、複雑な構造のデータでは便利に使えます。

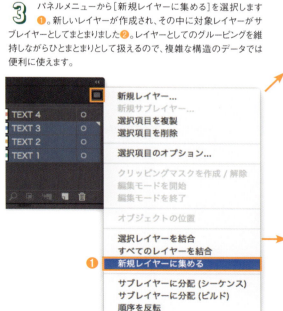
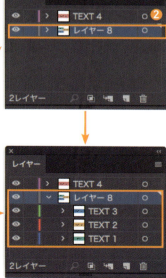

Part 3　オブジェクト配置の効率ワザ

Tip 41

複数の画像を一度に配置したい

→

［配置する画像を指定する際に複数を選択しておく （CC以降）］

CC以降のバージョンでは、［配置］ダイアログから複数の画像を選択して、順番に配置できます。

使用素材　[Tip41]folder→[Tip41_flyer.ai]／
[cat_photos]folder→[cat1.psd～cat8.psd]

ベースとなるデザインを作成する

1 今回使用する画像はこの8点です（cat1.psd～cat8.psd）。あらかじめすべての画像を、幅80mm、高さ60mm、解像度300ppiにしています。Illustratorに配置したあとは、拡大や縮小をせずそのままの大きさで使用する前提です。

2 まず、ベースとなるデザインを作成します（T41_flyer.ai）。A4に合計8点の画像を配置するデザインです。画像を配置する場所は、幅80mm、高さ60mmの長方形をガイドに変換しています。

3 正確な配置をするため、スマートガイドを有効にしておきましょう。[表示]メニュー→[スマートガイド]を選択してチェックをオンにします。すでにオンになっている場合は、そのままにしておきます。メニュー項目にチェックマークが付いていれば、スマートガイドが有効ということです。

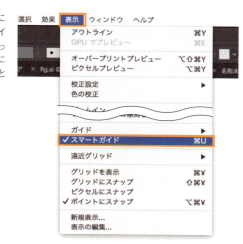

画像を配置する

1 [ファイル]メニュー→[配置]を選択します。ファイルを選択するダイアログが表示されたら、画像が入っているフォルダを開き、配置したい画像ファイルを選択します。クリック時に[shift]キーや[command]([Ctrl])キーを併用すると、複数のファイルが選択可能です。

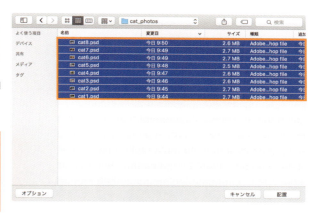

[Point]
すべてのファイルを選択するときは[command]([Ctrl])+[A]を押しても構いません。

2 今回は、すべての画像をリンクとして配置したいので、[オプション]をクリックして❶、[リンク]のチェックをオンにしておきます❷。選択ができたら[配置]をクリックします❸。

[Point]
[リンク]のチェックがオフの状態で配置した画像は、埋め込みになります。

3 マウスポインターが、グラフィック配置アイコンに変わります❶。グラフィック配置アイコンでは、次に配置する画像のサムネイルと❷、残りの枚数が数値で表示されます❸。

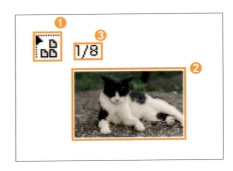

(Point)

Illustratorのヘルプでは、グラフィック配置アイコンの数字について「現在の画像のインデックス／画像の総数」という説明がありますが、実際の動作では「1／残りの画像数」という表示になっています。

4 配置したいガイドの左上コーナーにマウスを近づけ、スマートガイドで「アンカー」と表示された位置でクリックすると❶、1枚目の画像が配置できます❷。同じようにして、残りの画像をすべて配置すれば完成です。

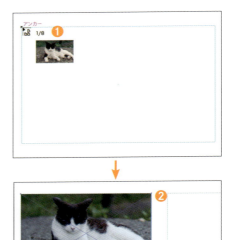

Part 3　オブジェクト配置の効率ワザ

Tip 42

枠の中に直接画像を配置したい

↓

[写真を配置する枠を
内側描画モードにして配置する]

通常、配置した写真の一部をトリミングするときは、配置したあとにマスク用の図形でクリッピングマスクを作成しますが、内側描画モードを使うことで図形の内部に直接写真を配置できます。

使用素材 [Tip42] folder → [photo] folder → [duck.psd]

写真を入れる枠を作成して描画方法を指定する

1　まず、写真を入れる枠を作成しましょう。[角丸長方形ツール]でアートボードをクリックします。[幅]を[120mm]に、[高さ]を[90mm]に、[角丸の半径]を[5mm]に設定して❶、[OK]をクリックします❷。[塗り]と[線]は、ともに[なし]にしておきます❸。この角丸長方形の内部に写真を配置してみます。

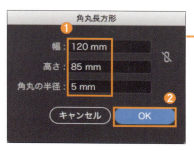

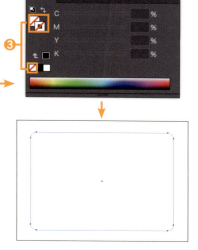

145

2 角丸長方形を選択し、[ツール]パネルの下の方にある描画方法のアイコンを[内側描画]に変更します。描画方法のアイコンは、[ツール]パネルが2列か1列かで表示が異なります。2列の場合は、3種類のアイコンから[内側描画]を選択します❶。1列の場合は、アイコンをクリックして❷、メニューを開き[内側描画]を選択します❸。内側描画になると、長方形の四隅に破線が表示されます❹。

> **(Point)**
> 描画方法には[標準描画]、[背面描画]、[内側描画]の3種類があり、shift + D キーを押すごとに順番に切り替えが可能です。

画像を配置する

1 [ファイル]メニュー→[配置]を選択します。ダイアログが表示されたら、配置する画像（duck.psd）を選択して❶、[配置]をクリックします❷。CS6以前のバージョンは、この時点で直接配置されます。CC以降のバージョンは、マウスポインターがグラフィック配置アイコンに変わるので、配置したい位置でクリックします❸。角丸長方形の内部に直接配置ができました❹。

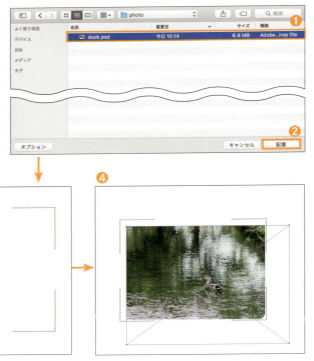

② 配置した直後は、画像が選択された状態になっています。このまま[拡大・縮小ツール]や[ダイレクト選択ツール]を使って、サイズと位置の調整をしておきましょう。

③ 最後に、[ツール]パネルで描画方法を[標準描画]に戻せば完成です。内側描画に変更したときと同様に、2列❶と1列❷で操作が異なります。

[Point]
内側描画から標準描画へは、shift + D キーを1回押しても戻ります。

Part 3 ── オブジェクト配置の効率ワザ

Tip 43

配置画像の埋め込みとリンクを変更したい

［埋め込みへの変換と埋め込み解除を利用したい］

配置画像の「リンク」と「埋め込み」では、それぞれに利用できる機能が違います。変更方法を事前に把握しておきましょう。

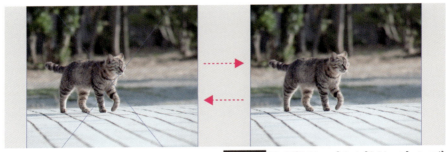

使用素材 [Tip43]folder→[photo]folder→[cat.psd]

［リンク］をオンにして画像を配置する

1 ［ファイル］メニュー→［配置］を選択して、ファイルを選択するダイアログを表示したら、配置する画像ファイル（cat.psd）を選択します❶。最初の配置で「リンク」か「埋め込み」かを決めるので、ここでは［オプション］をクリックし❷、配置のオプションを開きます。［リンク］がオンのときはリンク、オフのときは埋め込みになります。ここでは、［リンク］のチェックをオンにしてから❸、［配置］をクリックします❹。

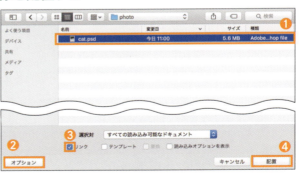

2 CS6以前のバージョンは、この時点で直接配置されますが、CC以降では、マウスポインターがグラフィック配置アイコンに変わります。

148

3 グラフィック配置アイコンに変わったら、配置したい位置でクリックして画像を配置します。

4 [選択ツール]で、配置された画像を option (Alt)＋ドラッグして横並びに複製します。現在は両方ともにリンクになっているので、右側の画像だけを埋め込みにしてみましょう。

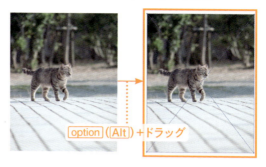

リンクを埋め込みに変更する

1 右側の画像を選択し、[コントロール]パネルの[埋め込み]をクリックします。これで、リンクから埋め込みに変換されました。

2 リンクと埋め込みの画像は、選択したときの枠の状態で見分けができます。リンクは、選択したときに対角線として×印が表示されますが❶、埋め込みは外枠だけです❷。アートワーク表示にしたときも、対角線のありなしで見分けができます。

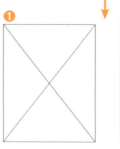

(Point)

[リンク]パネルのパネルメニューから[画像を埋め込み]を選択しても、同様に埋め込みに変換できます。

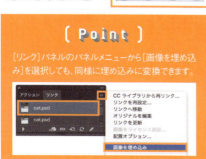

埋め込みをリンクに変更する

1 続いて、埋め込みをリンクに変更してみましょう。この機能が利用できるのはCC以降のバージョンです。右側の画像を選択し❶、[コントロール]パネルの[埋め込みを解除]をクリックします❷。

(Point)

[リンク]パネルのパネルメニューから[埋め込みを解除]を選択しても同じ処理ができます。

2 画像を外部ファイルとして保存するためのダイアログが開きます。[ファイル形式]で保存する画像のファイル形式を選択します❶。選べるのは「PSD」と「TIFF」の2種類のみです。基本は「PSD」にしておくのが無難でしょう。あとは、保存場所を指定して❷、[保存]をクリックすれば❸、外部ファイルとしての保存と❹、そのファイルに対するリンクが同時に行われます❺。

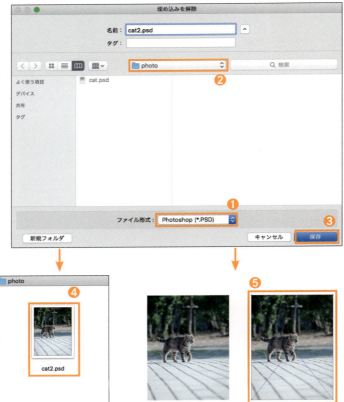

[Part]

テキストの効率ワザ

Part 4　テキストの効率ワザ

アーチ状の文字を作りたい

[　曲線のパスを作ってパス上文字に変換する　]

アーチ上の文字を作るには「パス上文字」という種類のテキストオブジェクトを使います。最初に曲線のパスを作成して、それをパス上文字に変換するという手順が最も一般的です。

曲線パスを作成する

1　まず、アーチの形となる曲線パスから作成します。[ペンツール]を使って正確な曲線を作るのは難しいので、今回はワープ効果による変形を利用します。[直線ツール]でアートボード上の適当な場所をクリックして、[長さ]を[65mm]に❶、[角度]を[0°]に設定し❷、[OK]をクリックします❸。直線のパスができました❹。

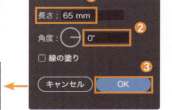

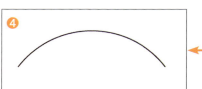

2　[効果]メニュー→[ワープ]→[円弧]を選択し、[水平方向]を選択して❶、[カーブ]を[60%]に設定し❷、[OK]をクリックします❸。直線が曲線になりました❹。

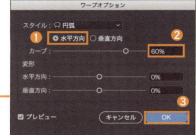

3 ワープによってパスは曲線になりましたが、パスを選択してみると、選択の表示と曲線が一致していません❶。現在は効果として見た目が変形されているだけなので、実際のパスはまだ直線のままということです。［オブジェクト］メニュー→［アピアランスを分割］を実行し、パスに効果を適用しておきましょう❷。これで、アーチの曲線パスは用意できました。

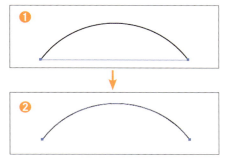

文字を入力する

1 ［パス上文字ツール］で❶、曲線パスをクリックすると❷、パス上文字に変換されて文字が入力できる状態になります❸。そのまま「COFFEE & GOODS」と入力します❹。

2 作成した文字を［選択ツール］で選択します。パス上文字には、文字の範囲をコントロールする「ブラケット」と呼ばれる線が3本あります。ここでは、左から「先頭ブラケット」❶、「中央ブラケット」❷、「末尾ブラケット」❸と呼びます。先頭ブラケットと末尾ブラケットの間が、文字の表示可能範囲です。それより長くなると、あふれた文字は自動的に隠れます。

[Point]

文字の表示可能範囲から文字があふれることを「オーバーフロー」といいます。文字がオーバーフローしているときは、末尾ブラケットに［＋］マークが表示されます。

入力した文字を整えて見栄えよくする

1 先頭ブラケットと末尾ブラケットを、それぞれ曲線パスの両端までドラッグして移動します。これで、文字の範囲がパスの先頭から終点まで広がりました。

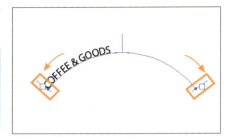

[Point]
それぞれのブラケットにマウスポインタを重ねたとき、矢印のあるT字アイコンに変わる場所がブラケットを操作できるサインです。

2 ［段落］パネルを開き［中央揃え］をクリックして❶、文字を中央揃えにしておきます❷。

[Point]
文字の揃えはとてもよく使うので、ショートカットキーを覚えておくとよいでしょう。左揃えが command（Ctrl）+ shift + L キー、左揃えが command（Ctrl）+ shift + C キー、左揃えが command（Ctrl）+ shift + R キーです。

3 パス上文字を選択した状態で［文字］パネルを開き、フォントやサイズなどを変更します。今回は❶のようにしました。これで、アーチ状文字の完成です❷。

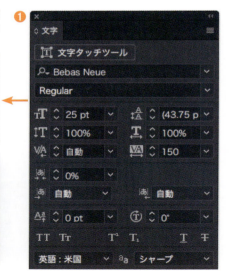

[Point]
ここで使っている「Bebas Neue Regular」のフォントは、CCユーザーならTypekitから同期して利用できます。Typekitが使えないときは近い形のフォントで代用し、完成作例を見ながらサイズなどを微調整してください。

Part 4　テキストの効率ワザ

Tip 45

同じ文字の設定を繰り返し使いたい

文字スタイル・段落スタイルを利用する

共通の文字設定をフォーマット的に利用するには、文字スタイルや段落スタイルを利用します。これらの機能を使うことで、全体の文字設定を一気に変更するなど、効率的な文字の管理が可能となります。

Before **After**

使用素材　[Tip45] folder→[Tip45_text.ai]

「文字」と「段落」について再確認する

1　文字スタイルと段落スタイルの機能を解説する前に、「文字」と「段落」について再確認しておきましょう。Illustratorでは、1つのテキストオブジェクトの中で、文章が改行されるまでの1つの集まりを「段落」、それとは関係なく、1文字以上の文字のまとまりを「文字」としています。

155

2　文字スタイルは文字単位、段落スタイルは段落単位の文字設定を登録しておく機能です。基本は同じですが、段落スタイルは文字スタイルに加えて、段落に関わる設定も登録できるのが特徴です。ここでは、段落スタイルを作成してみます。素材となるエリア内テキストを3つ作成し（Tip45_text.ai）、その中のどれか1つだけを選択して❶、文字の設定を❷のように変更します。

> **Point**
>
> ここで使っている「源ノ明朝 Regular」のフォントは、CCユーザーならTypekitから同期して利用できます。Typekitが使えないときは近い形のフォントで代用してください。

新規に段落スタイルを作成して適用する

1　設定を変更したテキストを選択した状態で［段落スタイル］パネルを開き、［新規スタイルを作成］を、option（Alt）キーを押しながらクリックします。

option（Alt）キーを押しながらクリック

> **Point**
>
> option（Alt）キーを押さずにクリックすると、ダイアログを省略して直接スタイルが作成されます。

2　[新規段落スタイル]ダイアログが開きます。現在のテキストオブジェクトに設定されたスタイルの内容が表示されます❶。左列の項目からそれぞれの設定を変更することもできますが、ここではそのままにしておきます。[スタイル名]を[本文]として❷、[OK]をクリックします❸。段落スタイルに項目が1つ追加されました❹。

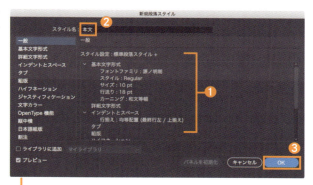

3　エリア内テキストを3つとも選択し❶、[段落スタイル]パネルから手順2で登録した「本文」をクリックします❷。すべてのテキストが同じフォーマットになりました❸。現時点で、これらのテキストには「本文」の段落スタイルが割り当てられた状態になっています。

段落スタイルの内容を変更する

1. 今度は、段落スタイルの内容を変更してみましょう。エリア内テキストのどれか1つを選択し、文字の設定を❶のように変更します。[段落スタイル]パネルを確認してみると、「本文」の右側に「+」マークが表示されているのがわかります❷。これは、登録されたスタイルから、手動で何らかの変更が加えられた場合に表示される印です。

2. [段落スタイル]のパネルメニューから❶、[段落スタイルの再定義]を選択します❷。これで、現在の変更内容が「本文」に反映されます。段落スタイル自体が更新されたため、残り2つのテキストにも自動で変更が反映されました❸。

[Point]

パネルメニューとは、パネル右上の四本線のアイコンをクリックして表示されるメニューのことです。

Part 4　テキストの効率ワザ

Tip 46

多重のフチ文字を効率的に作りたい

⬇

[アピアランスの機能を使って複数の線を重ねる]

古いバージョンの Illustrator では、同じテキストオブジェクトを複数重ねてフチ文字を作成していましたが、修正の手間などを考えると、アピアランスの機能を使うのが効率的です。

ベースとなる文字を作成する

1 最初に、従来からよくある手法を確認してみましょう。同じテキストオブジェクトを2つ以上重ね、前面の方を塗りのみ、背面の方に線を設定してフチ文字を表現しています。この方法でもフチ文字は作成できますが、文字を変更するときなどがとても面倒です。「アピアランス」の機能を使えば、同様のことが1つのテキストオブジェクトで実現できます。

2 まず、適当なテキストオブジェクトを作成しましょう。ここでは [文字ツール] を使って「OUTLINE」という文字を入力しました❶。[文字]パネル開き、フォントやサイズなどを❷のように変更します。

❶

❷

(Point)

ここで使っている「Prohibition Regular」のフォントは、CCユーザーならTypekitから同期して利用できます。Typekitが使えないときは近い形のフォントで代用し、完成作例を見ながらサイズなどを微調整してください。

159

3 　作成したテキストオブジェクトを選択し、[塗り]と[線]ともに[なし]の透明状態にしておきます❶。このように、ベースを透明にしておくと❷、[アピアランス]パネルですべての[塗り]と[線]を把握できるので、あとで色を変更するときなど、効率的に作業できます。

文字にフチを付けてフチの線を増やす

1 　[アピアランス]パネルを開くと、[文字]という項目だけがあります❶。ここにフチとなる線を追加してみましょう。[アピアランス]パネルの[新規塗りを追加]をクリックし❷、アピアランスに[線]と[塗り]の項目を追加します❸。

2 　[塗り]を選択して❶、カラーを[C0 M85 Y40 K0]に❷、続けて[線]を選択して❸、カラーを[C80 M40 Y30 K10]に設定します❹。[線幅]は[10pt]に設定します❺。

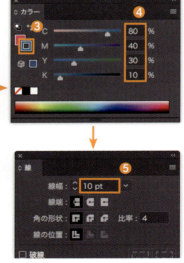

3. 以上の設定で文字にフチは付きましたが、文字の内側に食い込んで不格好になっています。

4. [線]の項目をドラッグして[塗り]の下に移動します❶。これで、塗りが前面、線が背面となり❷、文字の内側に線が食い込むことはありません。一重のフチならこれで完成です。

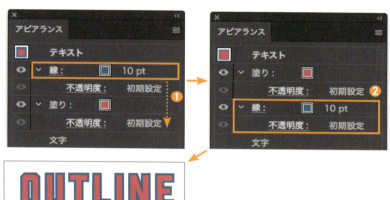

5. 続いてフチの線を増やしてみましょう。[アピアランス]パネルで[線]の項目を選択し❶、[新規線を追加]をクリックします❷。[線]の項目が2つになりました❸。上側になっている方の[線]を選択し、カラーを[C5 M0 Y60 K0]に❹、[線幅]を[3pt]に変更します❺。

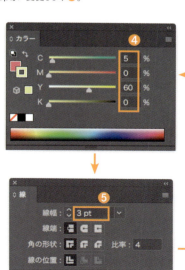

(Point)
今回作成したフチ文字は、単一のテキストオブジェクトで作られているので、文字の変更も1回の作業で済みます。

Part 4　テキストの効率ワザ

縦組みの文字を一部横組みにしたい

縦中横の機能を使って指定範囲のみを横組みにする

日本語の縦組み文章の中にアルファベットやアラビア数字が混在する場合、通常だと文字が90度回転した状態になりますが、縦中横の機能を使うことで一部だけを横組みにできます。

使用素材 [Tip47]folder→[Tip47_text.ai]

横向きに倒れた文字を縦向きにする

1 [文字(縦)ツール]でアートボード上をドラッグして範囲を作成し、縦組みのエリア内文字を作成しました(Tip47_text.ai)。文章の中に、アラビア数字やアルファベットが混在していますが、デフォルトのままだとこれらの文字はすべて90度回転して倒れた状態になっています。

2 まず、すべての文字を縦方向にしてみましょう。[選択ツール]でエリア内文字のテキストオブジェクトを選択して、[文字]パネルのパネルメニューから❶、[縦組み中の欧文回転]を選択します❷。これで、すべてのアルファベットと数字が1文字ずつ縦向きになりました。

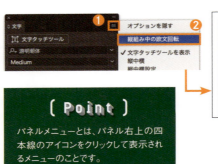

[Point]
パネルメニューとは、パネル右上の四本線のアイコンをクリックして表示されるメニューのことです。

「縦中横」の設定を行う

1. 「10月23日」といった文字は、1文字ずつが縦に組まれていると若干読みづらいので、数字2文字セットで部分的に横組みにしたいところです。このように、縦組みの中で一部横組みにした処理を「縦中横(たてちゅうよこ)」と呼びます。次のステップでこの設定をしてみましょう。

2. [文字ツール]で「10」の文字だけをドラッグして選択し❶、[文字]パネルのパネルメニューから❷、[縦中横]を選択します❸。これで、指定された範囲のみ横組みにできました。「23」についても同じ処理をしておきましょう。

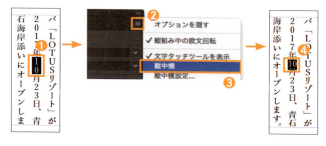

3. 縦中横に設定した際、文字によっては左右の揃えがズレて見えたり、文字の上下が詰まり過ぎて見えることもあります。例えば、下図のように数字の「1」が入ると、数字が少し右に寄って見えてしまいます。このようなときは、縦中横設定を使うことで調整可能です。

4. 縦中横にした文字を選択し❶、[文字]パネルのパネルメニューから❷、[縦中横設定]を選択します❸。[縦中横設定]ダイアログでは、文字を指定した距離だけ移動させることができます。タイトルなどの大きめの文字では、細かなバランス調整が必要なことも少なくないので、気になる場合はこの設定で微調整をしていくとよいでしょう❹。

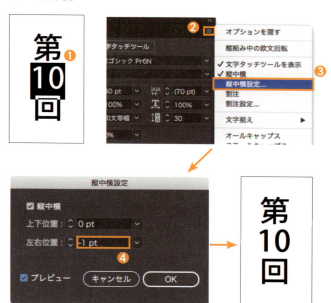

Part 4　テキストの効率ワザ

Tip 48

文字を立体的にしたい

↓

[ブレンドを使って擬似的な立体感を表現する]

文字に立体感を与える方法はいくつかありますが、その中でも定番テクニックといえる「ブレンド」を使った手法です。大きさの異なる2つの文字をブレンドさせることで、擬似的な文字の厚みを表現します。

2つの文字を作成する

1 ［文字ツール］を使って、「SALE」というポイント文字を作成します。［選択ツール］でテキストオブジェクトを選択したあと、［文字］パネルでフォントやサイズなどを変更しましょう。今回は❶のようにしました。文字のカラーは［C30 M40 Y30 K50］です❷。

[Point]

ここで使っている「Museo Sans Display ExtraBlack」のフォントは、CCユーザーならTypekitから同期して利用できます。Typekitが使えないときは近い形のフォントで代用し、完成作例を見ながらサイズなどを微調整してください。

2　［選択ツール］で、テキストオブジェクトを上方向に option （Alt）キー＋ドラッグして複製を作ります。このとき、shift キーを併用することで、垂直方向に角度を固定できます。移動距離は、文字が半分くらい重なる程度の位置にするとよいでしょう。位置はあとからも変更できるので、おおよその移動で大丈夫です。

2つのテキストの中間イメージを作成する

1　下側の方の文字（複製元）を選択し❶、［ツール］パネルの［拡大・縮小ツール］をダブルクリックして［縦横比率を固定］を［70％］にし❷、［OK］をクリックします❸。

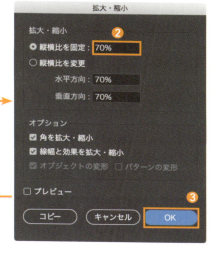

2　さらに、［透明］パネルで［不透明度］を［0％］に設定します。

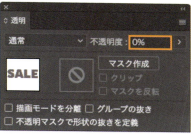

3　両方のテキストオブジェクトを選択し❶、［オブジェクト］メニュー→［ブレンド］→［作成］を実行します。ブレンド機能によって、2つのテキストオブジェクトの中間イメージが作成されました❷。

ブレンドを調整して文字の色を設定する

1 ［オブジェクト］メニュー→［ブレンド］→［ブレンドオプション］を選択し、［間隔］を［ステップ数］に変更します❶。右にあるフィールドに入力した数値がブレンドの細かさになります。［プレビュー］のチェックをオンにし❷、状態を確認しながら数を増やしていきましょう。ここでは［50］としました❸。最後に［OK］をクリックします❹。

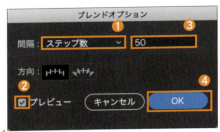

2 ［ダイレクト選択ツール］で、上側の文字（大きい方の文字）だけを選択し、command（Ctrl）+Cキーでコピーします。選択を解除したあと、command（Ctrl）+Fキーでコピーした文字を前面にペーストします。見た目の変化はありませんが、上側の文字が2つ重なった状態になっています。

3 ペーストした文字の色を好きな色に変更します。ここでは［C0 M30 Y90 K0］としました。これで立体文字の完成です。

Tip 49

文字の種類によってフォントを変えたい

[合成フォントの機能で文字種ごとの設定を変える]

日本語の文章には、漢字、ひらがな、カタカナ、数字、アルファベットなど、さまざまな文字が混在しています。合成フォントを使うと、これらの文字種ごとに異なる設定をした新たなフォントを作成可能です。

Before

5日間で覚えるIllustrator講座

After

5日間で覚えるIllustrator講座

文字種ごとのフォントを新規に設定する

1 今回は、日本語に「小塚ゴシック」、英数に「Helvetica」を組み合わせた合成フォントを作成してみます。まず、[書式]メニュー→[合成フォント]を選択して、[合成フォント]ダイアログを開きます。ここで、文字種ごとのフォントを設定してきます。[新規]をクリックします。

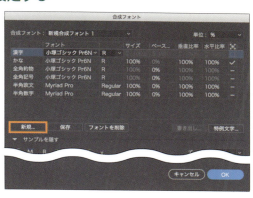

(Point)
Windows環境で「Helvetica」がない場合は、「Arial」など、形の近いフォントで代用してください。

2 これから作成する合成フォントの名前を決めましょう。使っているフォントがわかるような名前にしておくのがおすすめです。ここでは、「小塚ゴシック M／Helvetica Regular」としました❶。[元とするセット]は[なし]に設定して❷、[OK]をクリックします❸。

フォントを細かく設定していく

1 ［漢字］、［かな］、［全角役物］、［全角記号］は、すべて［フォント］を［小塚ゴシック Pro M］にしておきます❶。［サイズ］などの設定はデフォルトのままでOKです。続いて、［半角欧文］、［半角数字］を［Helvetica Regular］に変更します❷。設定を変更すると、ダイアログ下側にあるプレビューの文章が更新されます❸。これで、小塚ゴシックの英数の文字だけがHelveticaになりました。しかし、もともと異なるフォントを組み合わせたので、日本語の文字に比べて英数の比率が少し小さめになっています❹。これを調整していきましょう。

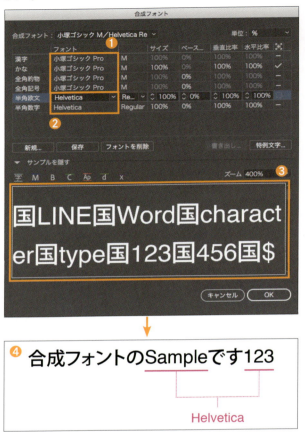

2 ［Helvetica Regular］に設定した［半角欧文］と［半角数字］の［サイズ］を［112％］に、［ベースライン］を［-1％］に変更します❶。このように、合成フォントではフォントの種類だけでなく、大きさや位置、縦横比率などを自由に調整して違和感のない組み合わせができるようになっています❷。

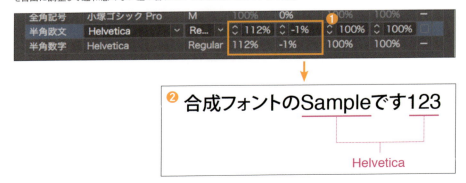

3　[保存]をクリックすると①、編集内容が合成フォントに反映されます。[OK]をクリックしてダイアログを閉じたあと、適当なサンプル文章を作ってフォントを適用してみましょう。

4　作成した合成フォントは、通常のフォントと同じように[文字]パネルで選択できます①。フォントリストでは、合成フォントがひと目でわかるアイコンが表示されています②。

Chocolatier Marryでは、
本場イタリアの一流レストランで25年修行した
パティシエが芸術的な味をご提供します。

▼

Chocolatier Marryでは、
本場イタリアの一流レストランで25年修行した
パティシエが芸術的な味をご提供します。

Part 4　　テキストの効率ワザ

Tip 50

段落の区切りを表現したい

⬇

[段落の開始を1字下げしたり前後にアキを作る]

文字組みでの段落は改行で分けるのが一般的ですが、区切りをより明確にするために1字下げやスペースなどを使った表現を用います。

使用素材 [Tip50] folder→[Tip50_text.ai]

段落1行目を1字下げる

1 まず、1字下げを使って段落の区切りを表現する方法を解説します。1字下げとは、段落の始まりに1文字分のアキを作ることです。最初に適当な大きさのエリア内文字を作成しましょう（Tip50_text.ai）。今回は、[W]が[76.2mm]、[H]が[80mm]のテキストボックスで❶、文字の設定は❷のようにしました。

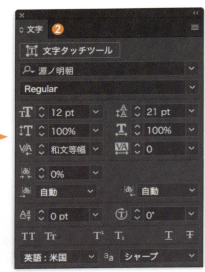

(Point)
ここで使っている「源ノ明朝 Regular」のフォントは、CCユーザーならTypekitから同期して利用できます。Typekitが使えないときは近い形のフォントで代用してください。

2　エリア内に文字が作成できました❶。これを[選択ツール]で選択し❷、[段落]パネルを開きます。文字揃えの下にある3つのフィールドが、インデントに関わる項目で❸、この中の左中央のフィールドが、[1行目左インデント]です❹。1行目とは、段落の最初の行を指します。仮に段落が3つある文章なら、1行目は3つあるということです。

3　[1行目左インデント]に、文章の文字と同じサイズを入力します。今回は、12ptの文字にしてあるので、同様に[12pt]と入力しました。

4 これで、1行目の左側だけに1文字分のアキができました。このような処理が「1字下げ」です。

> **[Point]**
> 1字下げを表現するため1文字目に全角スペースを入れることがありますが、この手法はあまり好ましくありません。できるだけ、1行目左インデントを使って表現しましょう。

段落前後にアキを1行作る

1 次に、段落前後のアキを使った表現です。従来は、1字下げで段落の区切りを表現することがほとんどでしたが、最近では1字下げをせず、段落の区切りにスペースを設ける表現も見られるようになりました。前ページの手順**1**で作ったのと同じエリア内文字を作成して[選択ツール]で選択します。

2 [段落]パネルを開きます。インデントに関わる項目の中の一番下にあるのが、段落前後のアキ設定です。今回は、段落のあとにアキを設けてみましょう。2つあるフィールドの右側が[段落後のアキ]です。[段落後のアキ]に、[文字]パネルで設定した[行送り]と同じ数値を入力します。今回は21ptなので[21pt]と入力しました。

3 これで、段落のあとに1行分のアキができます。

> **[Point]**
> 段落のアキを表現するために空白行を入れるのは、あまり好ましくありません。できるだけ、段落前後のアキを利用しましょう。

Part 4 ── テキストの効率ワザ

Tip 51

リーダー線を用いた料金表を作りたい

⬇

［ タブリーダーで品目と金額の間を埋める ］

料金表などでよく見られる、品目と料金の間を破線などでつなぐデザインは、タブリーダーを使うと効率的に作成できます。

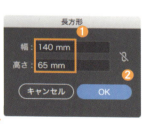

使用素材 [Tip51]folder→[Tip51_text.ai]

長方形を作成して文字を入力する

1 まず、正確なサイズの長方形の中に文字を配置していきましょう。なお、ここで作成するエリア内文字の素材はあらかじめ用意してあるのでそれを使っても構いません（Tip51_text.ai）。［長方形ツール］でアートボード上をクリックします。［幅］を［140mm］に、［高さ］を［65mm］に設定して❶、［OK］をクリックし❷、長方形を作成します。［エリア内文字ツール］でこの長方形のパスをクリックして❸、エリア内文字に変換します❹。

2 品目と金額の文字を入力します。ポイントは、品目と金額の間にタブの文字を入れておくことです。タブ文字は、文字入力中にキーボードの[Tab]キーを押すことで入力できます❶。さらに、1セットごとに改行しておきましょう❷。[文字]パネルでの設定は❸のようにしました。

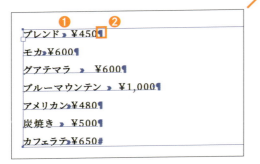

(Point)

[書式]メニュー→[制御文字の表示]を選択すると、タブや改行など、特殊な文字を目にみえる形で表示できます。

タブルーラーで見栄えを整える

1 不揃いな金額の配置を、タブルーラーを使って揃えていきましょう。[選択ツール]でエリア内文字を選択し、[ウィンドウ]メニュー→[書式]→[タブ]を選択します。テキストボックスのすぐ上にタブルーラーが表示されます。

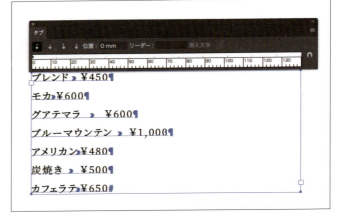

(Point)

画面をスクロールしたり拡大率を変えたりすると、タブルーラーの位置がずれてしまいますが、右端の磁石のアイコンをクリックするとテキストにフィットします。

2️⃣ [右揃えタブ]のアイコンをクリックして❶、[位置]に[140mm]と入力します❷。これで、タブ文字以降のテキスト(金額)が左から140mmの位置に右揃えになりました❸。このように、タブ文字はタブ揃えの位置によって幅が自由に伸縮するスペースと考えるとよいでしょう。

(Point)
図をわかりやすくするため、以降は制御文字を非表示にしています。

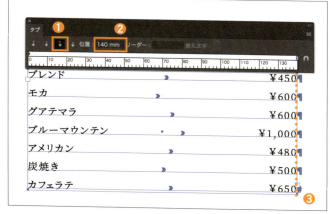

3️⃣ 続いて、スペースを指定文字の繰り返しで埋めていきます。このとき使うのが、タブリーダーです。タブルーラーの[リーダー]に「…(三点リーダー)」を入力します。タブリーダーは、指定した文字をタブ文字の幅のぶんを繰り返して埋めるという機能です。

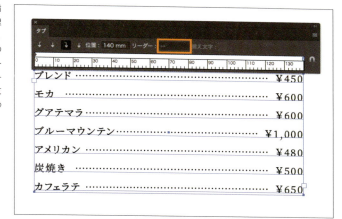

4️⃣ リーダーの文字を変更すれば、簡単にバリエーションを作ることも可能です。なお、タブ文字のサイズなどを変更すれば、リーダーの大きさなども変わります。

Part 4　　テキストの効率ワザ

効率よく表を作りたい

[[段組設定]と[シェイプ形成ツール]を使う]

Illustrator には、表に関する機能がないため作成手法もさまざまです。その中でも比較的簡単な、[段組設定] による枠の分割と [シェイプ形成ツール] による枠の結合を用いた手法を試してみましょう。

クラウドストレージサービス比較表

項目	フリー	ライト	ビジネス
価格	無料	500円／月	2,500円／月
基本容量	1GB	10GB	100GB
最大容量	1GB	100GB	5TB
容量追加	なし	100円／1GB	100円／1GB
共有機能	あり		

長方形を作成して分割する

1 まず、表の全体サイズを決めます。今回は、幅150mm、高さ90mmとしましょう。[長方形ツール]でアートボード上をクリックします。[幅]を[150mm]に、[高さ]を[90mm]に設定して❶、[OK]をクリックします❷。[塗り]を[なし]に❸、[線]を[C0 M0 Y0 K100]に設定します❹。[線幅]は[0.5pt]に設定します❺。ひとまず表全体の枠となる長方形ができました。

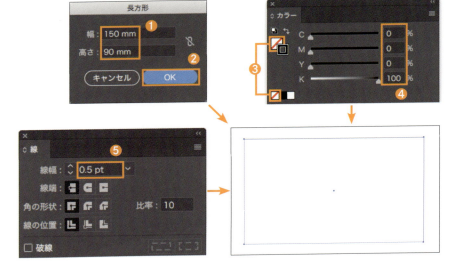

2. 長方形を選択し、[オブジェクト]メニュー→[パス]→[段組設定]を選択します。[行]と[列]の[段数]を、表の枠の数に合わせて変更します。今回は[行]を[9]、[列]を[4]としました❶。ともに[間隔]は[0mm]としておくのがポイントです❷。設定を終えたら[OK]をクリックします❸。長方形が指定された数に分割されました。

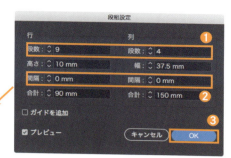

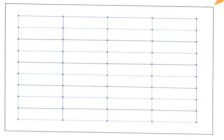

枠の中にテキストを配置する

1. [文字ツール]で、枠の中に入れるテキストを作成して、表に配置します❶。行ごとに改行して、表の内容を入力しますが、このとき、枠1つ分の高さとテキストの行送りを合わせることで、枠とテキストがずれないようにするのがポイントです。今回は、高さ90mmの枠を9分割したので、枠1つぶんは10mmです。行送りもこれと同じにしておきます❷。

[Point]

[文字]パネルで[行送り]の値に単位付きで数値を入力すると、[10mm]→[28.35pt]というように自動で文字の単位に置き換わります。

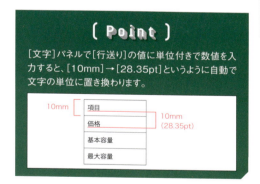

2. 同じようにして、すべての枠に内容の文字を配置していきます。

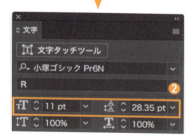

枠のサイズ調整／枠の結合を行う

1 枠のサイズを調整するときは、[ダイレクト選択ツール]で移動したい枠のラインを囲むように選択して❶、移動します❷。移動するときは、shiftキーを併用することで垂直／水平の角度を固定しておくことができます。キーボードの左右矢印キーを使って移動してもよいでしょう。

2 枠の調整ができたら、2列以上の枠が抜けているところを結合していきましょう。まず、テキスト以外の枠だけをすべて選択します❶。次に[シェイプ形成ツール]を選択し、結合したい枠をドラッグでなぞるだけでOKです❷。

3 結合が必要な枠をすべて処理したら、枠ごとの塗りを変更して完成です。

項目	フリー	ライト	ビジネス
価格	無料	500円／月	2,500円／月
基本容量	1GB	10GB	100GB
最大容量	1GB	100GB	5TB
容量追加	なし	100円／1GB	100円／1GB
共有機能	あり		
プレビュー機能	なし	あり	
二重バックアップ	なし		あり
データ復元	なし	あり	

Part 4　テキストの効率ワザ

Tip 53

文字に連動して伸縮する囲み罫を作りたい

[アピアランスと[形状に変換]の効果を利用する]

囲み罫を使った文字デザインは日々よく使われる表現ですが、文字の長さと囲み罫の大きさを合わせるのが面倒です。アピアランスと[形状に変換]の効果を使うことで、伸縮を文字の量に連動させることができます。

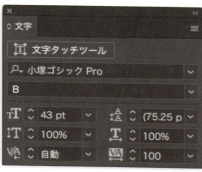

ベースの文字を作成する

1 まず、[文字ツール]で基本となるテキストオブジェクトを作成します。今回は❶の設定のポイント文字で、文字のカラーは[C10 M60 Y100 K0]としました❷。文字は、ひとまずダミーの「テキスト」としておきます❸。

2. [アピアランス]パネルを開き、[新規線を追加]をクリックします❶。[線]と[塗り]の項目が追加されますが、今回は[塗り]を使わないので◉のアイコンをクリックして❷、非表示にしておきましょう。[線]の項目を選択し❸、[線幅]を[5pt]に設定します❹。[線]のカラーは文字と同じ[C10 M60 Y100 K0]に設定します❺。

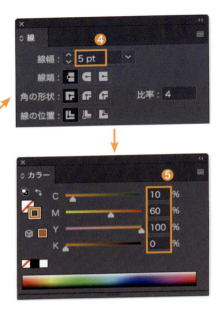

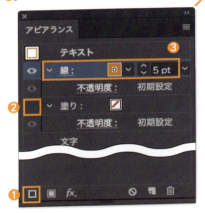

強制的に長方形に変換する

1. 今のままだと、文字の形に縁取りがついたような状態になっています❶。これを長方形の囲み罫にしてみましょう。[アピアランス]パネルの[線]の項目を選択した状態で❷、[効果]メニュー→[形状に変換]→[長方形]を選択します。この効果は、元オブジェクトの形状にかかわらず、強制的に形を長方形に変換するものです。

2 　[形状オプション]ダイアログでは、変換後の図形のサイズを直接数値で指定するか、元形状の大きさに対して追加するかを選べます。今回は文字の大きさに追従して伸縮するようにしたいので、[サイズ]を[値を追加]にして❶、[幅に追加]を[7mm]に❷、[高さに追加]を[5mm]に設定します❸。[OK]をクリックすると❹、縁取り線が長方形になりました❺。

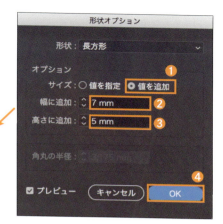

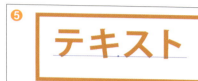

文字や囲み罫の位置を調整する

1 　試しに文字を「オシャレなカフェ」に変更してみましょう。文字に合わせて囲み罫が伸縮しているのがわかります。ただ、テキストのバウンディングボックスと文字の配置の関係で、少しだけ文字が上に寄って見えます。最後にこれを調整しましょう。

2 　[アピアランス]パネルで[線]の項目の下にある[長方形]を選択し❶、[効果]メニュー→[パスの変形]→[変形]を選択します。[プレビュー]にチェックを入れ❷、[移動]の[垂直方向]の値を調整して❸、文字と囲み罫の位置を調整します。[OK]をクリックすれば完了です❹。

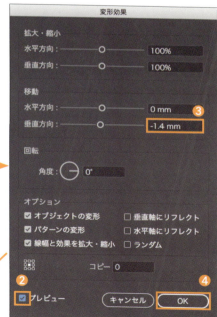

Part 4　テキストの効率ワザ

ランダムに配置された文字を作りたい

↓

［文字タッチツール］を使って1文字ずつ配置や大きさを変える

1文字ずつ配置や大きさをランダムに変えた文字のデザイン。CS6以前のバージョンでは、1文字ずつテキストオブジェクトに分けて個別に編集していましたが、CC以降では［文字タッチツール］を使って作成できます。

文字を作成して［文字タッチツール］を選択する

1 まず、［文字ツール］でアートボード上をクリックし、「プログラム講座」というポイント文字を作成します。今回は❶の設定で、文字のカラーは［C0 M0 Y0 K100］としました❷。

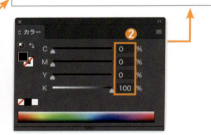

2 ［文字タッチツール］を選択します。［ツール］パネルの［文字ツール］を長押しして切り替えが可能です。

（ Point ）

［文字］パネルに［文字タッチツール］のボタンが表示されてないときは、パネルメニューから［文字タッチツールを表示］を選択します。

1文字目の倍率と角度を変える

1 1文字目の「プ」をクリックすると、文字の周囲に制御用のバウンディングボックスが表示されます❶。まずは大きさを変更してみましょう。ボックス右上のハンドルをドラッグすると❷、縦横比固定で大きさを変更できます。なお、左上は縦比率の変更、右下は横比率の変更になります。

2 続いて、角度を変えてみます。角度は、文字の上にある独立したハンドルをドラッグすることで自由に変えることができます。ここでは少しだけ左に傾けてみました。

3 最後に位置の調整です。バウンディングボックス内をドラッグするか、左下のハンドルをドラッグして文字を移動できます。

残りの文字を設定する

1 残りの文字も大きさや角度などを変更すれば完成です。あとは、アピアランスなどを使って文字の塗りや線を設定していきましょう。

[Point]

［文字タッチツール］では、通常の文字設定（縦横比率やベースラインシフト、角度など）を使って大きさや角度を変更するので、古いバージョンとの互換があります。

Part 4　テキストの効率ワザ

旧字体や絵文字などを効率的に入力したい

↓

［字形］パネルで形を確認しながら切り替えや入力をする

旧字体など、キーボードからの入力が難しい文字は［字形］パネルを使って簡単に字形の切り替えができます。また、［字形］パネルを使えば記号や絵文字フォントなど文字以外の形状の入力も楽になります。

Before → **After**

高 ▶ 髙
崎 ▶ 﨑
斎 ▶ 齋

通常の文字を旧字体に切り替える

1 特に人名などでは漢字の正確な表記が求められるので、原稿で旧字体が指定されている場合はそのとおりに入力しなければなりません。まず、通常の文字を旧字体に切り替えしてみましょう。［文字ツール］を使って「高橋」と入力したあと、「高」の文字だけをドラッグして選択します。

[Point]

フォント自体に目的の字形が含まれていない場合、旧字体は利用できません。今回は多くの字形が含まれる「小塚ゴシック Pro M」のフォントを使います。

2 ［ウィンドウ］メニュー→［書式］→［字形］を選択し、字形パネルを表示します。選択された文字に旧字体があるときは、パネルに候補が表示されます。その中から入力したい文字をダブルクリックすると❶、字形の切り替えができます❷。

[Point]

バージョンによっては、［書式］メニュー→［字形］で［字形］パネルを表示できます。

[字形]パネルを使いこなす

1 [字形]パネルは、異なる字形のほかに、記号や絵文字フォントなどの入力にも便利に使えます。[文字ツール]でアートボードをクリックし、文字が入力できる状態にします❶。[文字]パネルで、[フォントファミリ]を記号や絵文字のフォントにします。ここでは「Dalliance OT Flourishes」としました❷。

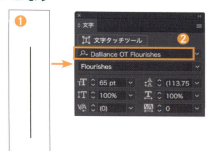

[Point]
ここで使っている「Dalliance OT Flourishes」のフォントは、CCユーザーならTypekitから同期して利用できます。Typekitが使えないときは他の絵文字フォントなどを使ってください。

2 [字形]パネルを開き[表示]を[フォント全体]にすると❶、そのフォントの字形一覧がすべて表示されます❷。入力したいデザインをダブルクリックすれば❸、指定の字形が入力できます❹。形は絵文字ですが、通常のテキストオブジェクトです。

3 パネル右下にある三角が2つ重なったアイコンをクリックすると、一覧のズームイン、ズームアウトができるので、字形が見づらいときは、ズームインして大きく表示するとよいでしょう。

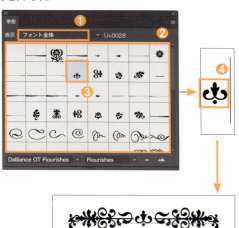

ズームアウト

ズームイン

[Point]
CC 2017以降では、別の字形を持つ文字をドラッグで選択した上でマウスオーバーすると、右下に字形の候補が表示されます❶。これを選択すれば、[字形]パネルを使わずに切り替えが可能です❷。

Part 4　テキストの効率ワザ

Tip 56 いろいろなフォントを使いたい

Typekitのサービスを使ってフォントを同期する

CC以降のユーザーであれば、Adobeの運営するフォントサービス「Typekit」のフォントをPCに同期して利用できます。Typekitのウェブサイトで同期したいフォントを選択するだけで、自動的にインストールが可能です。

Typekitのサイトへログインする

1 [書式]メニュー→[Typekitからフォントを追加]を選択するか、[文字]パネルでフォントファミリーを選択するメニューを開き、リストの上部にある[Typekitからフォントを追加]をクリックします❶。自動的にWebブラウザーが起動し、Typekitのサイトにログインできます❷。

[Point]
ログインできない場合は、画面右上の[ログイン]をクリックして、AdobeID、パスワードを入力し、[ログイン]をクリックします。

フォントを選択する

1 Typekitのサイトでは、英語と日本語両方のフォントが用意されています。ここでは、欧文フォントを導入してみましょう。上部のボタンを[デフォルト]にしておくと❶、欧文フォントのみの表示になります。今回は、PCにフォントをインストールするので、その左の[Webのみのファミリーを含める]のチェックはオフにしておきます❷。

2 ページ右側に表示されているグレーのエリア（フィルター）で、目的に合ったフォントの絞り込みができます。ボタンをクリックして条件を指定します。ここでは下図のような形にしました。

3 フィルター横のボタンでフォント一覧の表示形式をカード型とリスト型に切り替えできます❶。さらに、その左のスライダーでは大きさを❷、フィールドではサンプル文章を変更可能です❸。いずれも自分が見やすい形にしておくとよいでしょう。

[Point]
目的のフォントの名前が明確なときは、[Typekitを検索]のフィールドにフォント名を入力することで直接検索が可能です。

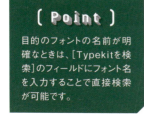

フォントをインストールする

1 目的のフォントを見つけたら、サンプル文章をクリックしてフォントの詳細画面へ遷移します。インストールしたいフォントの右にある［同期］ボタンをクリックすれば❶、自動的に自分のPCへフォントがインストールされます。ここでは「Los Feliz Roman」のフォントを同期しました❷。

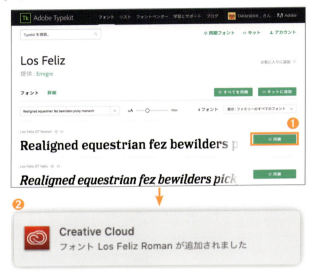

2 Illustratorに戻り、［文字］パネルでフォントファミリーを選択するメニューを開いてみましょう❶。同期したフォントがインストールされているのがわかります❷。

[Point]
Typekit経由でインストールされたフォントは、［Tk］のアイコンが表示されています。メニューの上部にある［Tk］のアイコンをクリックすると、Typekitのフォントのみに絞り込みが可能です。

3 インストールしたフォントを削除したいときは、Typekitのサイトで［同期フォント］のページを開き、対象フォントの［同期解除］をクリックします。

Part 4 ── テキストの効率ワザ

Tip 57

ビュレット付きの箇条書きにしたい

↓

タブとインデントを組み合わせる

Illustrator には、箇条書きなどのリスト項目を表現するための機能がありません。タブとインデントをうまく組み合わせて、複数行になっても綺麗に文章の頭が揃う箇条書きを作成してみましょう。

使用素材 [Tip57]→[Tip57_text.ai]

作成した文章に箇条書きの「・」を入れる

1 [幅]を[130mm]、[高さ]を[70mm]の大きさでエリア内文字を作成し、文章を入力します(Tip57_text.ai)。箇条書きの1項目につき改行して分けておきましょう❶。文字の設定は❷のようにしています。

2 次に、箇条書きの冒頭につけるマークを入力しましょう。ビュレットと呼ばれる文字（ユニコードU+2022）を使うのが一般的です。まず、キーボードから入力できる通常の「・(中黒)」を先頭に入力し、この文字をドラッグして選択します。

ドラッグして選択

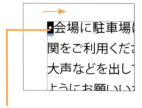

〔 Point 〕

CC 2017以降のバージョンでは、[書式]メニュー→[特殊文字を挿入]→[シンボル]→[箇条書き]を実行して簡単にビュレットを入力できます。

3 ［字形］パネルを開き、［表示］を［現在の選択文字の異体字］に設定します❶。候補の中から「U+2022」の字形をダブルクリックして❷、文字を切り替えます。この文字をコピーして❸、すべての項目の冒頭にペーストしておきましょう❹。

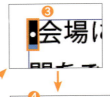

インデントと文字の並びを整える

1 ［段落］パネルを開き、［左インデント］のフィールドに文章の左端の位置としたいサイズを入力します。ここでは［8mm］（22.86pt）としました❶。テキストボックスの左側に、指定したサイズ分の空白（インデント）ができました❷。

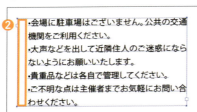

［ Point ］

文字の単位がptになっている場合、mmの単位付きで数値を入力すると、自動的にptに変換されます。

2 ビュレットはテキストボックスの左端に揃えたいので、今度は［1行目左インデント］に左インデントに設定したのと同じサイズを、マイナス値で設定します。

3. これで、1行目だけ左インデントが相殺されました。

4. 現状だと、ビュレットの内側、つまり文章の頭が1行目とそれ以降で揃っていないので、これを整えましょう。ビュレットと文章の1文字目の間に、タブ文字を入力しておきます。タブ文字は通常は見えないので、[書式]メニュー→[制御文字を表示]を選択して制御文字が見える状態にしておくとよいでしょう。

(Point)

タブ文字は、キーボードの Tab キーを押すと入力できます。

5. 続いて、タブの揃え位置を指定します。[選択ツール]でエリア内文字を選択し、[ウィンドウ]メニュー→[書式]→[タブ]を選択します。テキストボックスのすぐ上にタブルーラーが表示されました。

6. [左揃えタブ]のアイコンをクリックして❶、[位置]に左インデントと同じ値を入力します。ここでは[8mm]です❷。これで、すべての文章の頭がきれいに揃いました❸。

❸

- 会場に駐車場はございません。公共の交通機関をご利用ください。
- 大声などを出して近隣住人のご迷惑にならないようにお願いいたします。
- 貴重品などは各自で管理してください。
- ご不明な点は主催者までお気軽にお問い合わせください。

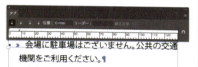

Part 4　テキストの効率ワザ

Tip 58

アナログな風合いのあるタイトル文字を作りたい

↓

［ラフ］効果を使って文字の輪郭をギザギザにする

Illustratorの曲線は、シャープでなめらかなのが特徴です。これにアナログな雰囲気をプラスするには、［ラフ］の効果をうまく使い、輪郭をわざとギザギザに荒らすとよいでしょう。

使用素材 [Tip58] folder→[Tip58_title.ai]

ベースとなる文字と雲を作成する

1 ［ペンツール］を使って雲の形のオブジェクトを作成します。あらかじめ用意してある素材を使っても構いません（Tip58_title.ai）。大きさは［幅］を［130mm］、［高さ］を［70mm］程度として、［線］は［なし］❶、［塗り］は［C55 M15 Y10 K0］としました❷。［ペンツール］が苦手な人は、［鉛筆ツール］を使ってフリーハンドで作成しても構いません。最終的にアナログ感を生かしたデザインになるので、多少の形の崩れは気にしなくてもOKです。

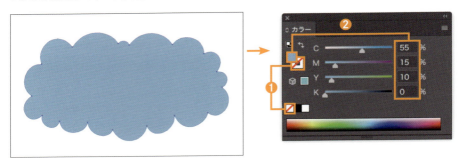

２　[文字ツール]で「倉川マルシェ」というポイント文字を作成します。[文字]パネルで❶の設定にします。1文字ずつのカーニングを調整して、文字間のバランスをとっておきましょう。これを雲の中央付近に配置します❷。

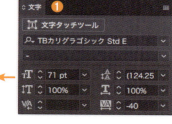

３　いったん文字の[塗り]と[線]を両方[なし]に設定します❶。文字が透明になりますが❷、このまま[アピアランス]パネルを開きます。

４　[新規塗りを追加]をクリックします❶。[塗り]と[線]の両方の項目が追加されたら、[塗り]を[白]に❷、[線]を[C0 M0 Y0 K100]に設定します❸。[線幅]は[1pt]に設定します❹。

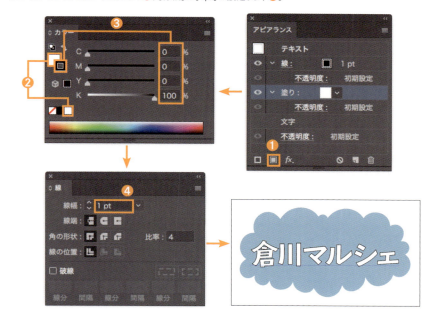

文字と雲を調整してバランスを整える

1 テキストオブジェクトと雲オブジェクトを両方選択して、[効果]メニュー→[パスの変形]→[ラフ]を選択し❶、のように設定します。[プレビュー]のチェックをオンにして状態を確認すると❷、オブジェクトの変形が小刻み変わっているのがわかります。このように、[サイズ]を極端に小さく、[詳細]を高めにすることで、アナログのにじみのような表現ができます。[OK]をクリックして効果を適用しましょう❸。

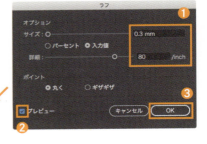

2 続いて、文字の線と塗りをずらして「版ズレ」のような効果を追加してみましょう。[選択ツール]でテキストオブジェクトだけを選択し❶、[アピアランス]パネルを開き[塗り]の項目を選択します❷。

3 [効果]メニュー→[パスの変形]→[変形]を選択して、[移動]の[水平方向]を[0.5mm]に、[垂直方向]を[0.7mm]に設定し❶、[OK]をクリックします❷。文字の塗りだけが右下に少し移動し、ズレたようなイメージになりました。

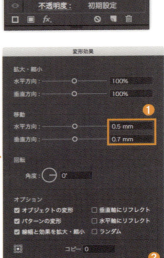

(Part)

5

カラーの効率ワザ

Part 5　カラーの効率ワザ

Tip 59

複数のカラーを一気に変えたい

↓

[再配色の機能を使ってカラーをコントロールする]

配色を検討するとき、オブジェクトを1つずつ選択してカラーを変更するのは非効率です。再配色の機能で、複数の色を一気に変更しましょう。

Before → **After**

使用素材 [Tip59]folder→[Tip59_logo.ai]

[オブジェクトを再配色]ダイアログを開く

1 今回は、このタイトルロゴを使います（Tip59_logo.ai）。このロゴには、2種類の橙と、黄、白、黒、計5色が使われているので、各カラーを個別に選択しながら変更するのは大変です。まずは、カラーを変更したいオブジェクトをすべて選択します。

2 [編集]メニュー→[カラーを編集]→[オブジェクトを再配色]を選択するか、コントロールパネルの[オブジェクトを再配色]をクリックします。[オブジェクトを再配色]ダイアログが開きます。ダイアログには、現在使われているカラーがリスト表示されています。

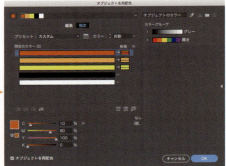

[Point]
グラデーションが含まれている場合でも、分岐点に使われているカラーがすべてリストアップされます。

基本的な利用方法を知る

1 カラーの列は、左が現在のカラー❶、右が変更後のカラーになっており❷、その間が右矢印で結ばれています。変更したいカラーの列を選択すると、下の調整スライダーが指定のカラーに変わります❸。ここを変更することで、カラーを調整できます。

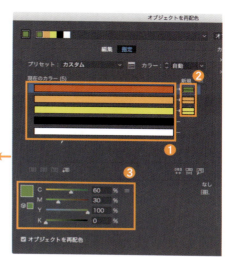

2 上部のリストを開くと❶、ハーモニールールに基づいた配色を選択できます❷。指定されたルールに応じて、自動的にカラーの割り当てが変わります❸。

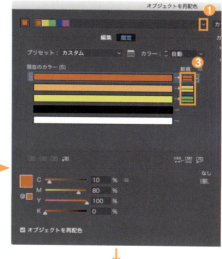

3 数値ではなく感覚的に調整したいときは、[編集]をクリックします❶。カラーホイール上に表示されたカラーマーカーをドラッグすることで❷、指定のカラーを感覚的に変更できます。標準では、カラーホイールの中心にいくほど低彩度、外にいくほど高彩度になります。明度はカラーホイール下のスライダーで変更します❸。

[Point]
❹の2つのボタンで、カラーホイールの種類を[色相＋彩度]、[色相＋明度]から選択できます。選択した種類によって、下のスライダーが[明度]または[彩度]に変わります。

実際に配色を変更する

1 [指定]をクリックして最初の画面に戻し、濃い橙の列を選択して❶、[C60 M20 Y100 K0]に変更します❷。同じ要領で、薄い橙を[C10 M10 Y90 K0]に❸、黄を[C20 M80 Y20 K0]に変更します❹。

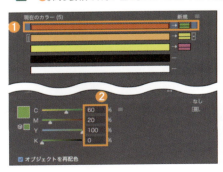
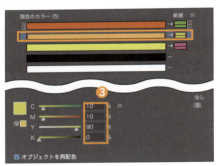

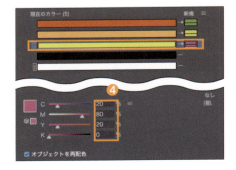

[Point]
調整スライダーがCMYK以外のカラーモデルになっているときは、スライダーの右にある3本線のアイコンをクリックして[CMYK]を選択します。

2 初期設定では、黒と白の列は新規カラーが空白になっていて変更ができません。黒や白も変更するときは、新規カラーを追加する必要があります。黒で試してみましょう。黒の列の空白部分をクリックして❶、新規カラーを追加します。確認画面が表示された場合は、[はい]をクリックします❷。あとは、黒の列を選択し、スライダーでカラーを調整して変更します。ここでは[C80 M60 Y20 K0]にしましょう❸。

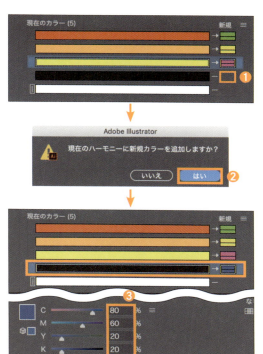

[Point]

現在のカラーと新規カラーの間が右矢印ではなくただの横線になっていると、カラーがロックされ変更することができません。その場合は、この横線をクリックすることで、右矢印（変更可能）に切り替えることができます。逆に右矢印をクリックすると横線（ロック）に切り替えられます。

3 白の列も黒と同じ要領で新規カラーを追加し、[C0 M0 Y0 K20]に変更します❶。[OK]をクリックすると❷、すべてのカラーが再配色されます❸。

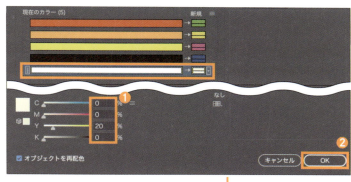

[Point]

再配色のダイアログですべてのカラーを初期に戻すときは、ダイアログ右上のスポイトアイコンをクリックします。

Part 5　カラーの効率ワザ

Tip 60

フルカラーを特色2色に分けたい

カラーグループを使った再配色で オブジェクトのカラーを特色に割り当てる

2色印刷では特定の2色のみのインキを使います。フルカラーのデータを特色印刷用に変換するには、カラーグループと再配色を利用すると便利です。

使用素材 [Tip60] folder→[Tip60_illust.ai]

[スウォッチ]パネルに特色を追加する

1 上のBeforのイラスト（Tip60_illust.ai）は、通常のCMYKですべてのカラーが構成されています。今回は、このイラストをAfterのように特色2色に分けてみましょう。まず、[スウォッチ]パネルの[スウォッチライブラリメニュー]をクリックし❶、[カラーブック]→[DICカラーガイド]を選択します❷。DICカラーの特色が収められた[DICカラーガイド]パネルが開きます。

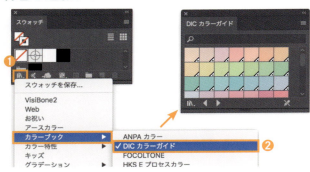

2 [DICカラーガイド]パネルから、印刷に使いたいカラーを選んでクリックします❶。すでに特色の指定があるときは、上部の検索フィールドに番号を入力することで絞り込みが可能です❷。

3 ここでは、[DIC2615s] ❶と[DIC2580s] ❷の2色を選択しました。

4 クリックしたカラーは、即座に[スウォッチ]パネルに追加されます。なお、特色スウォッチは右下に白い三角形と黒い点が表示されているので、通常のカラースウォッチと判別可能です。

(Point)

特色スウォッチは、印刷に使う2色のみを残しておきます。余分なカラーが[スウォッチ]パネルに追加されてしまったときは、パネルの[スウォッチを削除]にドラッグして削除しておきましょう。

5 [スウォッチ]パネルに追加した2色の特色スウォッチを選択し❶、[新規カラーグループ]をクリックします❷。[新規カラーグループ]ダイアログが表示されます。[名前]は「2色印刷用」として❸、[OK]をクリックします❹。選択した2色がカラーグループとしてまとめられます❺。

[オブジェクトを再配色]ダイアログで設定を行う

1 イラストをすべて選択し❶、[編集]メニュー→[カラーを編集]→[オブジェクトを再配色]を選択するか、コントロールパネルの[オブジェクトを再配色]をクリックして❷、[オブジェクトを再配色]ダイアログを開きます。

2 ダイアログの右側にある[カラーガイド]から、先ほど作成した[2色印刷用]をクリックします❶。現在のカラーが、特色2色へ自動的に振り分けされました❷。

3 希望する方と違う色に分けられてしまっているカラーがあれば、[現在のカラー]から対象のカラーをドラッグして別の列へ移動させます❶。カラーをどちらの特色へ振り分けるかは、このようにして変更可能です。振り分けの指定が終わったら[OK]をクリックします❷。

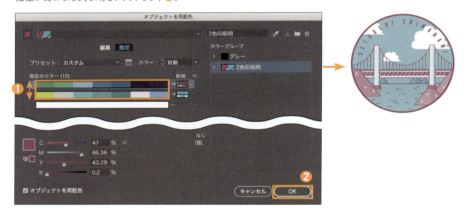

4 特色に指定されたオブジェクトのカラーは、オブジェクトを選択すれば❶、[カラー]パネルで濃度を調整できます❷。最後に、それぞれのカラーの濃度を微調整し、バランスを整えれば完成です。

(Point)

印刷所によっては特色スウォッチを使った印刷に対応していないことも多いため、特色スウォッチを使った印刷が可能かどうか、データの作り方について事前に必ず確認をしておきましょう。

Part 5 ── カラーの効率ワザ

Tip 61

カラーを効率よく管理したい
↓
[スウォッチ]パネルに グローバルカラーとして登録する

カラースウォッチをグローバルカラーに設定しておくことで、ドキュメント上のすべてのカラーをあとから一括変更できるようになります。

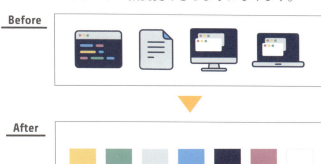

使用素材 [Tip61]folder→[Tip61_icons.ai]

[スウォッチ]パネルにカラーを登録する

1 今回は、このアイコン(Tip61_icons.ai)に使われているカラーをすべてカラースウォッチとして登録してみます。まず、登録したいカラーを含むすべてのオブジェクトを選択します。ここでは、普通にすべてを選択しましょう。

2 [スウォッチ]パネルの[新規カラーグループ]をクリックします❶。[作成元]を[選択したオブジェクト]に設定して❷、[プロセスをグローバルに変換]のチェックをオンにし❸、[OK]をクリックします❹。

[**Point**]

今回の場合、[色合いのスウォッチに含める]のチェックはどちらでも構いません。

カラーの効率ワザ

3 オブジェクトに使われているカラーが[スウォッチ]パネルにすべて登録されました。登録されたカラーは、カラーグループとしてひとまとまりになっています。左にフォルダのアイコンが表示されているのが、カラーグループです。さらに、グローバルカラーに設定されたカラースウォッチは、右下に小さな白い三角形が表示されています。

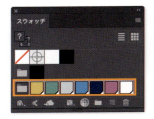

カラーを変更する

1 実際にカラーを変更してみましょう。すべての選択を解除したあと、[スウォッチ]パネルで紺色のカラースウォッチをダブルクリックします❶。スウォッチオプションが開いたら、スライダーを使って色を変更します。ここでは、紺色のカラーを[C50 M100 Y70 K40]にしてみます❷。

[Point]
[ライブラリに追加]はCCライブラリへカラーを登録する機能です。ここではオフにしておきます。

2 [プレビュー]のチェックをオンにすると、リアルタイムにカラーが反映されます。アイコンの紺色だったカラーがすべて変更されているのがわかります。このように、同じカラーを一括して変更したいときはグローバルカラーで管理しておくのが非常に効率的です。

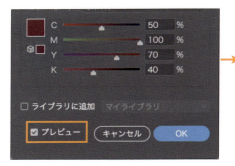

Part 5 　カラーの効率ワザ

Tip 62

カラーバランスを維持しながら濃度を変更したい

↓

［［カラー］パネルを修飾キー併用で操作するか、彩度調整の機能を使う］

カラーバランスを維持しながら濃度だけを調整するには、修飾キーを併用しながら［カラー］パネルの値を調整するか、彩度調整の機能を使うとよいでしょう。ここでは、この2つの方法について解説します。

［カラー］パネルで修飾キーを使って変更する

1 まずは、最も手軽な方法から解説します。サンプル用として適当なサイズの正方形を3つ作成して横に並べておきましょう。すべての［塗り］を［C50 M10 Y80 K0］に❶、［線］を［なし］に設定します❷。これら正方形のカラーの濃度を、右に行くほど薄くしてみましょう。

2 真ん中の正方形だけを選択し❶、［カラー］パネルの［M］に［5］と入力します❷。通常、この数値を確定するときは return (return)キーを押しますが、ここでは command (Ctrl)キーを押しながら return (enter)キーを押してみましょう。

カラーの効率ワザ

3 [M]の値が変化する割合に従って、他のカラーも連動して変更されます。

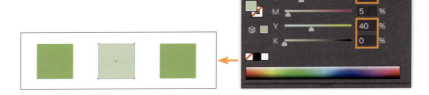

4 この command (Ctrl) キーを併用しながらの連動では、値の下限と上限に注意が必要です。CMYKのカラーモデルでは、0より小さい値、100より大きい値は設定できません。連動して変化した結果が最小値と最大値の範囲外になる場合、それぞれの限界値で固定されてしまい、結果としてカラーバランスが変わります。これを避けるためには、濃度を下げて淡くするときは最も小さい値、濃度を上げて濃くするときは最も大きい値のカラーを基準に変更するのがよいでしょう。

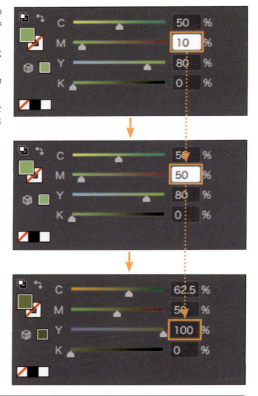

[Point]
カラーモデルがRGBの場合の最大値は255です。

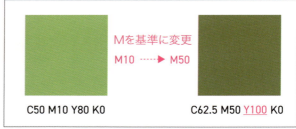

Mを基準に変更
M10 ······▶ M50

C50 M10 Y80 K0 　　　C62.5 M50 Y100 K0

5 数値入力ではなくスライダーを使って手動で調整もできます。いずれかのスライダーを shift キーを押しながらドラッグすると、各カラーが連動して動きます。これも、先ほど同様に値の下限と上限に注意が必要です。

彩度調整の機能を使って変更する

1 最後に、彩度調整を使う方法です。右側の正方形を選択し、[編集]メニュー→[カラーを編集]→[彩度調整]を選択します。

[Point]
メニューでは[彩度調整]という呼び方ですが、実際には彩度を調整する機能ではなく、色の濃度を調整する機能です。

2 [彩度調整]ダイアログが開きます。[プレビュー]のチェックをオンにして❶、[濃度]のスライダーを、shift キー+ドラッグで調整します❷。濃度の値によって各カラーが調整されます。負の値にすれば薄く、正の値にすれば濃くなりますが、ここでもやはりカラーの下限と上限に注意しましょう。[濃度]を[-75]にして❸、[OK]をクリックし❹、元のカラーの4分の1の濃度にしました❺。

[Point]
[彩度調整]を使う方法では、カラーの異なる複数のオブジェクトを一度に調整できます。

207

Part 5　カラーの効率ワザ

Tip 63

版ごとの状態を確認したい

↓

[[分版プレビュー]を使って
各版の状態を表示して確認する]

通常のプロセス印刷では、入稿された原稿をCMYKのインキごとに分解して版を作成します。作業中の画面では各版の状態はわかりづらいですが、[分版プレビュー]を使うことで思わぬ見落としを事前にチェックできます。

Before

After

使用素材 [Tip63]folder→[Tip63_illust.ai]

スウォッチパネルで使用する色を確認する

1. CMYKで作成したドキュメント（Tip63_illust.ai）を開きます。今回のデータは、CMYKに加えて特色を1色追加したデザインになっており、使うインキの総数は5色となっています。

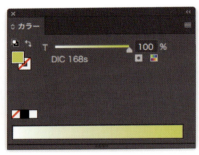

2. 使用する特色は、スウォッチパネルで確認できます。

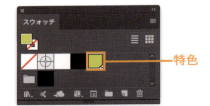

特色

3. 分版プレビューを使うには、オーバープリントプレビューを有効にしておく必要があります。[表示]メニュー→[オーバープリントプレビュー]を選択してチェックをオンにしておきます。これは、オーバープリント(ノセ)の状態をシミュレート表示できるモードです。これで準備完了です。

(Point)

分版プレビューは、RGBのカラーモードでは動作しません。

[分版プレビュー]パネルで確認する

1. [分版プレビュー]パネルを開きます。[CMYK]の表示の下に[シアン]、[マゼンタ]、[イエロー]、[ブラック]の4項目が並び❶、さらにその下に[DIC168s]の特色が表示されています❷。

2. 項目左にある◉をクリックすると、各版の表示と非表示を切り替えできます。1つの版だけを表示したいときは、option (Alt)キーを押しながら◉をクリックします。再び option (Alt)キー+クリックですべての表示に戻ります。このように各版を表示させることで、重なった部分のヌキや、余分なインキが含まれていないかなどをチェックできます。

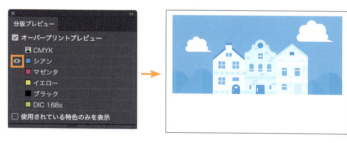

(Point)

確認が終わったらオーバープリントプレビューはオフにしておきましょう。

Part 5　カラーの効率ワザ

Tip 64

中間の色を手早く作りたい

↓

[ブレンドを使って
2色の中間オブジェクトを作成する]

ブレンドは、2つのオブジェクトから中間の形状を生成する機能ですが、同時にオブジェクトのカラーも変化します。これを利用し、異なる2色が設定されたオブジェクトの中間色を割り出します。

2つのオブジェクトのカラーをブレンドする

1 適当なサイズの正方形を2つ作成し、少し広めの間隔で横並びに配置します。左側の正方形の[塗り]を[C40 M0 Y90 K0]に❶、右側の正方形の[塗り]を[C100 M50 Y0 K0]に設定しましょう❷。[線]は両方とも[なし]にしておきます❸。

210

2 正方形を両方選択して❶、[オブジェクト]メニュー→[ブレンド]→[作成]を実行します。それぞれのカラーが滑らかにブレンドされました❷。

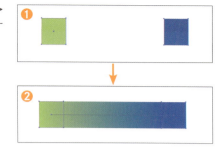

中間色を作成してスウォッチとして登録する

1 [オブジェクト]メニュー→[ブレンド]→[ブレンドオプション]を選択し、[間隔]を[ステップ数]にして❶、作成したい中間色の数を入力します。ここでは、[3]と入力して3色の中間色を作成してみましょう❷。[OK]をクリックしてブレンドを実行します❸。

(Point)
[ブレンドオプション]は、[ブレンドツール]をダブルクリックしても表示可能です。

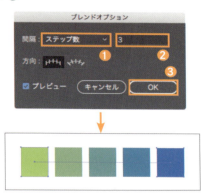

2 [オブジェクト]メニュー→[ブレンド]→[拡張]を実行して中間オブジェクトを拡張したら、すべてを選択した状態で❶、[スウォッチ]パネルの[新規カラーグループ]をクリックします❷。❸の設定で実行すると、5つのカラーがカラースウォッチとして登録されます❹。

(Point)
スウォッチの登録が終わったら正方形は使わないので、すべて削除しても構いません。

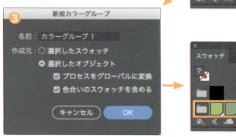

Part 5　カラーの効率ワザ

補色や反転色にしたい

↓

[[カラー]パネルのパネルメニューから
[補色]または[反転]を選択する]

現在のカラーを反転させるとき、Illustratorには[補色]と[反転]の2つの方法があります。いずれも、[カラー]パネルのパネルメニューから実行可能です。

[補色]と[反転]を試す

1 サンプルのための長方形を適当なサイズで作成します。[塗り]を[C100 M20 Y0 K0]に❶、[線]を[なし]に設定しておきましょう❷。

2 [カラー]パネルのパネルメニューを開き❶、[補色]を選択します❷。オブジェクトに設定されたカラーが補色になりました❸。

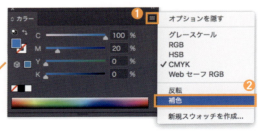

212

3. 手順2と同様の方法で[反転]を選ぶと❶、反転色にもできます❷。

(Point)

反転色への変換は、[編集]メニュー→[カラーを編集]→[カラー反転]でも可能です。

[補色]と[反転]を理解する

1. 補色と反転は似ていますが、数値の計算方式が若干異なります。反転は単純にRGBにおける各カラーの数値を反転させるのに対し❶、補色はRGBでの最大値と最小値を合計した値をもとにそれぞれのカラーが決定されます❷。

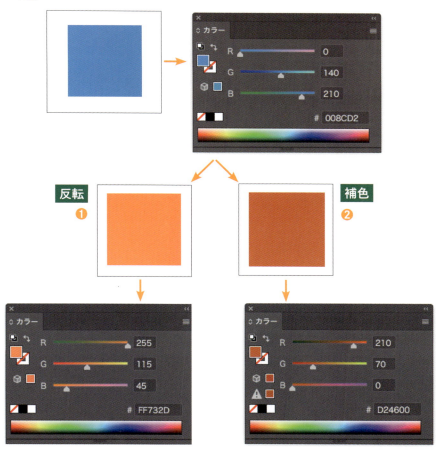

Tip 66

ランダムなモザイクパターンを作りたい

[前後にブレンド]でグレーの濃度を変化させ、再配色の機能でランダムに並べ替える

濃度の異なる正方形のタイルをランダムに並べたようなモザイクパターン。一見簡単そうですが、色をランダムに配置するのが意外と面倒です。[前後にブレンド]と[オブジェクトを再配色]で効率的に作成しましょう。

ベースとなるオブジェクトを作成する

1 [長方形ツール]で、[幅]と[高さ]を[10mm]に設定して❶、[OK]をクリックし❷、正方形を作成します。[塗り]を[C0 M0 Y0 K100]に❸、[線]を[なし]に設定しておきましょう❹。

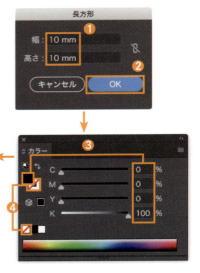

2　[効果]メニュー→[パスの変形]→[変形]を選択し、[変形効果]ダイアログを表示します。[移動]の[水平方向]を[10mm]に❶、[コピー]を[9]に設定して❷、[OK]をクリックします❸。少しわかりづらいですが、正方形が横に10個並んだ状態になりました。

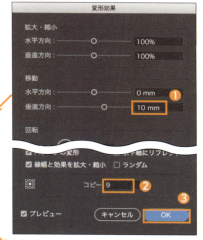

3　続いて、[効果]メニュー→[パスの変形]→[変形]を再度選択し、今度は[移動]の[垂直方向]を[10mm]に❶、[コピー]を[9]に設定して❷、[OK]をクリックします❸。先ほどの10個の長方形のセットが、縦にも10個並んだ状態になりました❹。[オブジェクト]メニュー→[アピアランスを分割]を実行して、効果を実際のオブジェクトに反映しておきましょう❺。

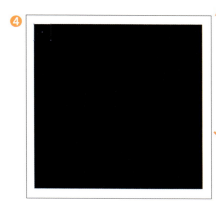

(Point)

2回目の[パスの変形]を追加するときにメッセージが表示された場合は、[新規効果を適用]をクリックして処理を続行します。

[前後にブレンド]を実行して配色を設定する

1 一番右下の正方形を[ダイレクト選択ツール]で選択し、[塗り]を白に変更します❶。すべての正方形を選択し❷、[編集]メニュー→[カラーを編集]→[前後にブレンド]を実行します。この機能は、オブジェクトの重ね順に従って最前面と再背面のカラーをブレンドする機能です。正方形の濃度が滑らかに変化しました❸。

2 すべての正方形を選択した状態で、[コントロール]パネルの[オブジェクトを再配色]をクリックして❶、[プリセット]のメニューの右にある[配色オプション]をクリックします❷。

3 表示される[配色オプション]ダイアログで[カラー]を[すべて]に❶、[保持]の[ブラック]と[ホワイト]のチェックをオフにして❷、[OK]をクリックします❸。

4 [カラー配列をランダムに変更]をクリックすると❶、正方形のカラーがランダムに入れ替わります。クリックするたびにランダムに変化するので、プレビューを見ながらちょうどよい形を探しましょう。希望の状態になになったら[OK]をクリックして❷、再配色を実行します。これでベースは完成です。

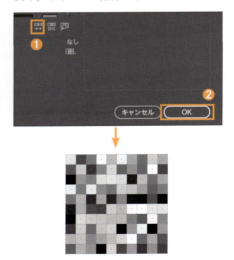

［オブジェクトを再配色］を実行してパターンを適用する

1 すべての正方形を［スウォッチ］パネルへドラッグ&ドロップすると、パターンスウォッチとして登録されます❶。少し大きめの長方形を作成し、［塗り］にこのパターンを適用してみましょう❷。ランダムなモザイクパターンの完成です。

❷

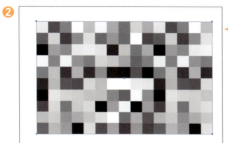

(Point)
パターンスウォッチとして登録したあとは、すべての正方形を削除しても構いません。

2 現在のパターンはグレースケールなので、カラーバリエーションを作ってみましょう。適当なサイズの長方形を作成し、パターンを［塗り］に適用したあと、［コントロール］パネルの［オブジェクトを再配色］を再びクリックします❶。［カラー］を［1］に変更したあと❷、下部のスライダーを使って❸、希望のカラーを設定します。［OK］をクリックして❹、再配色を実行すれば完了です❺。

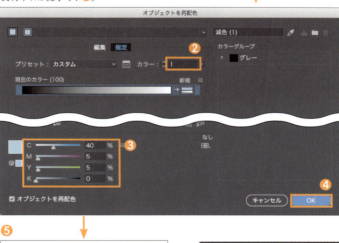

(Point)
パターンの再配色については、P.65「18ストライプやドットの基本的なパターンを効率よく作りたい」を参考にしてください。

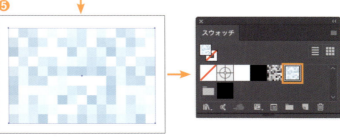

Part 5　カラーの効率ワザ

Tip 67

グラデーションの特定位置からカラーを取得したい

↓
[グラデーションの任意の位置を shift キーを押しながら[スポイトツール]でクリックする]

グラデーションが設定されたオブジェクトを［スポイトツール］でクリックするとグラデーションがそのまま取得されてしまいますが、shift キーを併用すると特定位置からカラーを取得できます。

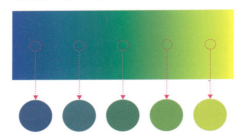

[スポイトツール]を利用する

1 適当な大きさの長方形を2つ作成し、縦に並べます❶。両方とも［線］を［なし］に設定して❷、上側の長方形だけ［塗り］をグラデーションにしておきましょう❸。ここでは、[C90 M50 Y0 K0]〜[C0 M0 Y100 K0]のグラデーションとしました。下の長方形は[C0 M0 Y0 K100]にします❹。

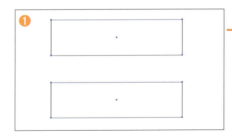

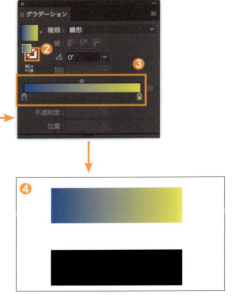

218

2　下側の長方形を選択し、[カラー]パネルで[塗り]をアクティブにしておきます。[スポイトツール]で上側の長方形をクリックすると❶、グラデーションがそのまま[塗り]にコピーされました❷。

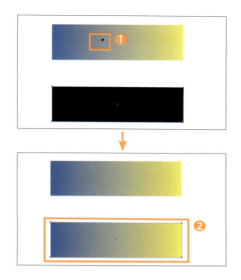

3　今度は、shiftキーを押しながら上側の長方形を[スポイトツール]でクリックします❶。クリックされた位置のカラーが単色としてコピーされました❷。いろいろな位置でクリックしてみると❸、指定位置のカラーが取得できているのがわかります。

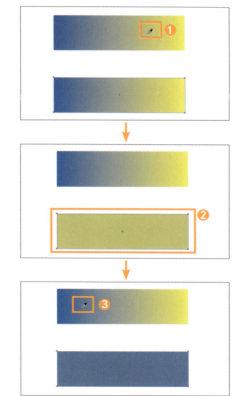

(Point)

shiftキーを押しながら[スポイトツール]でのクリックは、現在アクティブになっている[塗り]、[線]にカラーをコピーします。例えば、別オブジェクトの[塗り]のカラーを[線]のカラーとして取得したいときなどにも使えます。

Part 5　カラーの効率ワザ

ワントーンのグラデーションを簡単に作りたい

［ アピアランスを使ってグレースケールの
グラデーションに別のカラーを合成する ］

基本となるグレースケールのグラデーションにアピアランスで別のカラーを合成すれば、簡単にカラーバリエーションを増やせます。カラフルなバッジ風のアイコンを例に実践してみましょう。

ベースになる図形を作成する

1　今回はアピアランスで描画モードを使った合成をするので、RGBのカラーモードで新規ドキュメントを作成しましょう。[ファイル]メニュー→[新規]を選択し、新規ダイアログを開きます。[詳細設定]をクリックして❶、[プロファイル]から[Web]（以前のバージョンは[基本RGB]）を選択し❷、[ドキュメント作成]をクリックします❸。

(Point)
バージョンや環境設定によっては、詳細設定をクリックしたあとの画面が新規ダイアログとして直接表示されます。

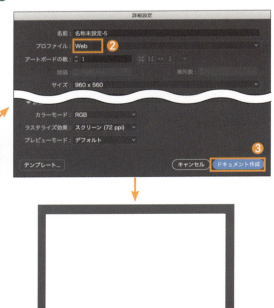

2 ベースになる図形を作成しましょう。[楕円形ツール]を使って[幅]と[高さ]を[100mm]に設定して❶、[OK]をクリックし❷、正円を作成します。[塗り]を[R0 G0 B0]〜[R120 G120 B120]に❸、[角度]を[90°]のグラデーションに❹、[線]を[なし]に設定します❺。[効果]メニュー→[パスの変形]→[ジグザグ]を❻の設定で実行します。

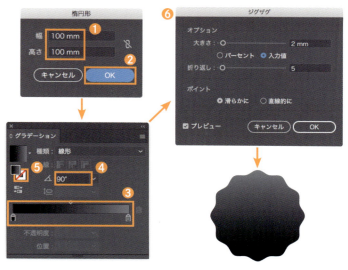

アピアランスで別のカラーを合成する

1 [アピアランス]パネルを開き、[新規塗りを追加]をクリックします❶。上側の[塗り]を選択し❷、[R250 G150 B30]の単色に変更します❸❹❺。

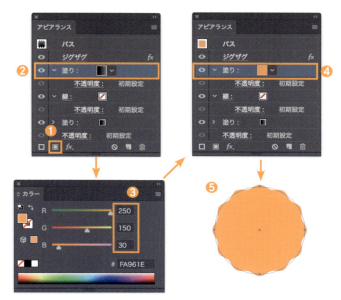

2 [透明]パネルを開き、[描画モード]を[スクリーン]にします。背面のグラデーションに前面のカラーが合成されて着色されます。

3 最後に文字を乗せて完成です。[アピアランス]で上側の[塗り]を選択してカラーを変更すれば、簡単にグラデーションのバリエーションが増やせます。

(Point)

描画モードは前面と背面のカラーを合成する機能です。CMYKカラーでは一部の描画モードのみしか使えません。すべての描画モードを利用するには、ドキュメントのカラーモードをRGBカラーにしておく必要があります。

4 このままの状態でCMYKカラーのドキュメントへ持っていくと、描画モードが正確に反映されないことがあります。事前に[オブジェクト]メニュー→[透明部分の分割・統合]を実行しておくことで❶、重ねたカラーとグラデーションのアピアランスが1つに統合されます❷。CMYKカラーのドキュメントで使うときは、あらかじめこの処理を行っておくとよいでしょう。

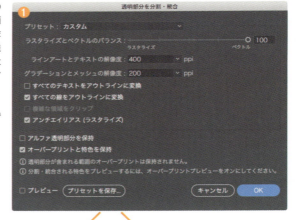

Tip 69 リンクしたグレースケール画像を着色したい

同じサイズの長方形を重ねて[描画モード]を[スクリーン]や[ソフトライト]などで合成する

埋め込みした画像をグレースケール化すれば[塗り]を使ってカラーを直接適用できますが、リンクで配置した画像にはその方法が使えません。画像と同じサイズの長方形を重ね、描画モードで合成しましょう。

Before

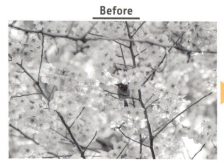

After

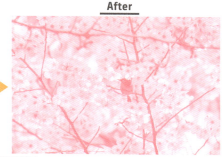

使用素材 [Tip69] folder→[photo] folder→[bird.psd]

画像を配置する

1. [ファイル]メニュー→[配置]を選択します。配置するグレースケールの画像（bird.psd）ファイルを選択して❶、[オプション]をクリックし❷、[リンク]のチェックをオンにしたら❸、[配置]をクリックします❹。

2. CS6以前のバージョンは、この時点で直接配置されますが、CC以降では、マウスポインターがグラフィック配置アイコンに変わるので❶、配置したい位置でクリックして画像を配置します❷。

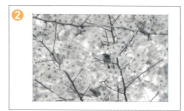

長方形を作成して描画モードを利用する

1 画像を選択した状態で、[コントロール]パネルの[マスク]をクリックして❶、[オブジェクト]メニュー→[クリッピングマスク]→[解除]を実行します。こうすることで、画像と同じ大きさの長方形が作成されます❷。この長方形は[塗り]と[線]が両方[なし]になっているため、[塗り]を[C0 M90 Y20 K0]に変更します❸。

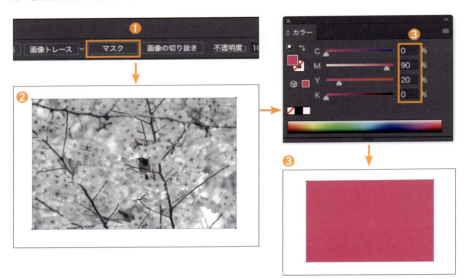

2 [選択ツール]で長方形だけを選択し、[透明]パネルを開き、[描画モード]を[スクリーン]にします❶。背面の画像が前面の長方形のカラーで着色されました❷。

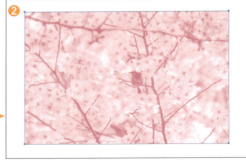

(Point)

描画モードは前面と背面のカラーを合成する機能です。CMYKカラーでは一部の描画モードのみしか使えません。すべての描画モードを利用するには、RGBカラーのドキュメントで作業する必要があります。

さまざまな描画モードを試す

1. 描画モードの種類を変えると、着色の具合も変わります。試しに、[透明]パネルで[描画モード]を[ソフトライト]に変更してみましょう❶。先ほどより濃い色合いになりました❷。好みに合わせ、その他の描画モードも試してみるとよいでしょう。上に重ねるカラーはグラデーションなども使えます❸❹。

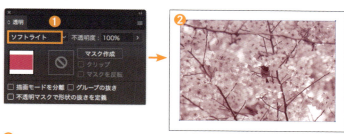

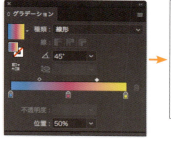

リンク画像を埋め込みにする

1. すべてを選択し❶、[オブジェクト]メニュー→[ラスタライズ]を選択します。[解像度]を[その他]に設定して❷、配置した画像の解像度と同じ値を指定します。例えば、画像が350ppiなら[350]とします❸。他の設定を❹にようにして実行すれば、画像と着色用の長方形が1つの画像としてラスタライズされます❺。なお、ラスタライズをした時点でリンク画像は埋め込みに変わります。

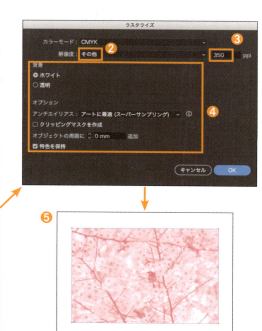

(Point)
元画像の解像度は[リンク]パネルで確認できます。

2 埋め込みをリンク配置に戻すには、画像を選択して[コントロール]パネルの[埋め込み解除]をクリックします❶。保存先を指定して❷、保存すれば❸、再度リンク配置に戻すことが可能です❹❺。

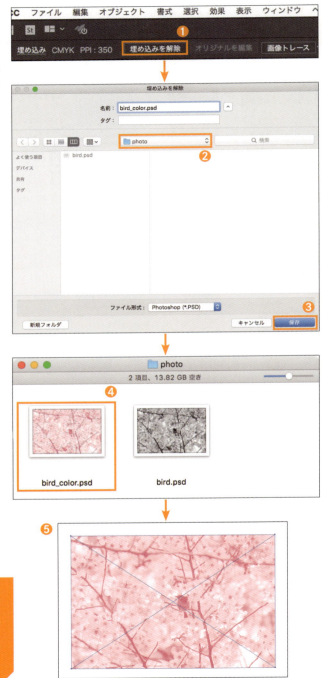

[Point]

埋め込みの解除は、P.148「43 配置画像の埋め込みとリンクを変更したい」を参考にしてください。

Part 6

作業効率を上げる
ステップアップワザ

Part 6　作業効率を上げるステップアップワザ

Tip 70

標準にはない機能を追加したい

↓

目的にあったスクリプトを導入して処理を自動化する

Illustratorには、JavaScript、AppleScript、Visual Basicのいずれかを使って任意の処理を自動化するスクリプトという機能があります。目的にあったスクリプトがあれば、積極的に利用するとよいでしょう。

スクリプトファイルをダウンロードする

1　今回導入するのは、半端な少数になってしまったCMYKの値をキリのよい整数にする「カラーを丸める」というスクリプトです。まず、スクリプトをインターネットからダウンロードして導入してみましょう。ウェブブラウザで「https://github.com/gau/rounding-color-values」にアクセスし、GitHubのリポジトリ（スクリプトがアップロードされている場所）を開きます。[Clone or download]をクリックし❶、[Download ZIP]をクリックします❷。これで、圧縮ファイルがPCにダウンロードできます。

2　ダウンロードした「rounding-color-values-master.zip」のファイルを解凍し、フォルダを開きます。中には3点のファイルがありますが、ここで利用するのは「カラーを丸める.jsx」のみです。ひとまず、このファイルをデスクトップなどのわかりやすい場所へ移動しておきましょう。

スクリプトを実行するための新規ドキュメントを作成する

1. スクリプトを利用するにはいくつかの方法がありますが、まずは最も簡単な方法で試してみます。ここでは、[ファイル]→[新規]とクリックし、[Web]タブ❶→[共通項目]❷→[作成]❸で、カラーモードがRGBの新規ドキュメントを作成します。

2. 続いて、適当なサイズの長方形を作成します。ここでは、[塗り]を[R250 G175 B60]に❶、[線]のカラーを[R210 G220 B30]に設定しておきます❷。線幅などは任意でOKです。

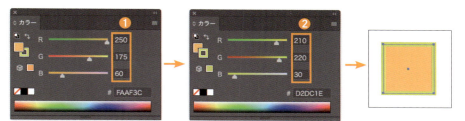

3. [ファイル]メニュー→[ドキュメントのカラーモード]→[CMYKカラー]を選択し、ドキュメントのカラーモードをCMYKに変換します。さらに、[カラー]パネルのパネルメニューから[CMYK]を選択して❶、カラーモデルをCMYKにします。手順❷で作成した長方形のカラーを確認すると、どれも中途半端なCMYKの値になっていますが❷❸、これを手動で整数に直していくのはとても効率が悪いので、スクリプトを使って自動処理してみます。

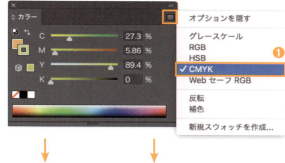

スクリプトを利用する

1 スクリプトは、[ファイル]メニュー→[スクリプト]から利用します。このメニューを開いて表示されているものが、現在Illustratorにインストールされているスクリプトです。標準では4点のスクリプトが入っています❶。項目の一番下にある[その他のスクリプト]からは、任意のスクリプトを選んで実行できます。ここでは、[その他のスクリプト]を選択し❷、ダウンロードした「カラーを丸める.jsx」を選んで❸、[開く]をクリックしましょう❹。

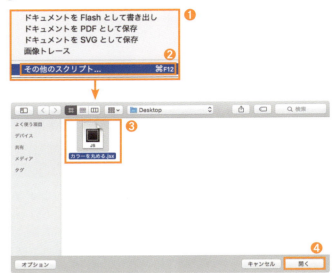

2 スクリプトにより、ダイアログが表示されます。ここでは丸めの対象❶、計算方法❷、一の位を何%刻みにするか❸を設定できます。ひとまずここでは、何も変更せずに[実行]をクリックしましょう❹。長方形のカラーを確認してみると、先ほどは半端だった値が5%刻みの整数になっていることがわかります❺、❻。このように、標準にない機能でもスクリプトを使って効率的な処理ができることを覚えておきましょう。

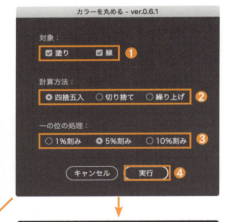

[**Point**]
ダイアログが開かない場合は、使用しているIllustratorの[スクリプト]フォルダ（Tip71の手順❶参照）にスクリプトファイルを移動してから、手順❶の操作を行ってみてください。

Part 6 　作業効率を上げるステップアップワザ

Tip 71

よく使うスクリプトをIllustratorにインストールしたい

↓

［ スクリプトをダウンロードして
所定の場所にファイルをコピーする ］

実行するたびに［ファイル］メニュー→［スクリプト］→［その他のスクリプト］からファイルを選択するのは若干面倒です。日常的によく使うものは、Illustratorにインストールしておくとよいでしょう。

1 スクリプトのインストールは、PCの所定の場所へスクリプトファイルをコピーしてからIllustratorを再起動する必要があります。まず、macOSならFinder、Windowsならエクスプローラーなどを使って右の表を参考にフォルダーを開きましょう。

OS	バージョン	スクリプトファイルのインストール場所
Mac	全	/Applications/Adobe Illustrator {バージョン} /Presets/ja_JP/ スクリプト /
Windows (32bit)	CS5 まで	C:¥Program Files¥Adobe¥Adobe Illustrator {バージョン} ¥Presets¥ja_JP¥ スクリプト ¥
Windows (64bit)	CS5, CS6 (32bit 版)	C:¥Program Files (x86)¥Adobe¥Adobe Illustrator {バージョン} ¥Presets¥ja_JP¥ スクリプト ¥
Windows (64bit)	CS6 (64bit 版) 以降	C:¥Program Files¥Adobe¥Adobe Illustrator {バージョン} (64 Bit)¥Presets¥ja_JP¥ スクリプト ¥

※ {バージョン}には、使っている Illustrator のバージョンを表す数字が入ります

2 所定のフォルダー内に、スクリプトのファイルをコピーします。この際、さらにフォルダーでスクリプトファイルを分けておけば、インストール後のメニューが階層化されます。数が多くなってきたときの分類、整理に有効です。

3 Illustratorを再起動します。［ファイル］メニュー→［スクリプト］を開くと、先ほどコピーしたファイルやフォルダーに従ってメニューが追加されています。スクリプト名には、ファイル名から拡張子を除いたものが使われます。

Part 6　作業効率を上げるステップアップワザ

Tip 72

平面に厚みをつけて奥行きを出したい

↓

［　共通接線を追加するスクリプトを使って側面を作成する　］

オブジェクトを斜めに変形し、厚みとなる側面を追加して奥行きを表現します。直線のみで構成されるものは簡単ですが、曲線を含む場合は少し面倒です。共通接線を追加するスクリプトを使って効率的に作成しましょう。

スクリプトを準備してベースとなるオブジェクトを作成する

1 今回は、「s.h's page」からダウンロードできる「共通接線」のスクリプトを利用します。ウェブブラウザで「http://shspage.com/aijs/」にアクセスし、「download: aics_scripts.zip」のリンクをクリックして❶、スクリプトをダウンロードします。解凍した中にある「共通接線.jsx」がスクリプトファイルです❷。今回は、これを利用します。

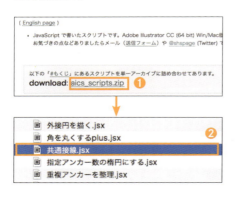

2 まずは、長方形を作成して、その上に文字を乗せたオブジェクトを作成します。長方形は［塗り］を［C0 M70 Y40 K0］に❶、［線］を［なし］に設定しておきます❷。

(Point)
基本的なスクリプトの使い方は、P.228「70 標準にはない機能を追加したい」を参考にしてください。

文字は、[段落]パネルで[中央揃え]にしておきましょう❶。
長方形のサイズやフォントなどは任意で構いません。ここでは、
[文字]パネルの設定を❷のようにしています。

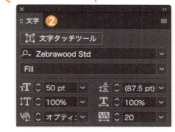

[Point]
ここで使っている「Zebrawood Std Fill」のフォントは、CC
ユーザーならTypekitから同期して利用できます。Typekitの
使い方はP.186「56いろいろなフォントを使いたい」を参考に
してください。

オブジェクトを加工・複製する

長方形を選択し、[効果]メニュー→[スタイライズ]
→[角を丸くする]を選択します。[半径]を調整して
❶、[OK]をクリックし❷、長方形を角丸にします。その後、
[オブジェクト]メニュー→[アピアランスを分割]を実行し
て、効果を実際のパスに反映します❸。

角丸にした長方形と文字を両方選択して❶、[拡
大・縮小ツール]をダブルクリックします。[縦横比を
変更]を選択して❷、[水平方向]を[85%]に❸、[垂直方
向]を[100%]に設定し❹、[OK]をクリックします❺。

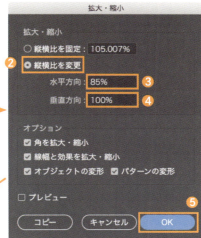

3 続けて、[シアーツール]をダブルクリックして、[シアーの角度]を[20°]に❶、[方向]を[垂直]に設定し❷、[OK]をクリックします❸。長方形と文字が斜めになりました❹。

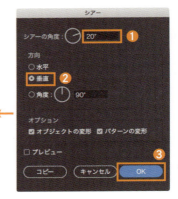

❹

4 長方形だけを選択し、[option]キーを押しながら右上方向へドラッグ&ドロップして複製します❶。位置はだいたいで構いません。それぞれの見分けがつくように、複製した方の[塗り]を一時的に[C0 M0 Y0 K50]としておきます❷。

5 [ダイレクト選択ツール]を使って、❶の赤色で示したセグメントだけを選択します。複製元と複製、両方同じセグメントを選択しておきましょう❷。

スクリプトを実行する

1. この状態で、最初にダウンロードした「共通接線」のスクリプトを選択して❶、[開く]をクリックし❷、実行します。2つの曲線に共通する接線が追加されました❸。

側面を作成して立体化する

1. 前ページの手順5と同じ要領で、今度は❶の赤色で示したセグメントを選択して接線を追加します。追加した2つの接線を[選択ツール]で選択し、command（Ctrl）+Jキーを2回押して両端を連結します❷。

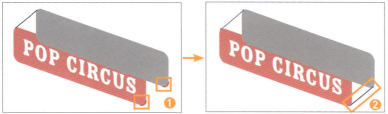

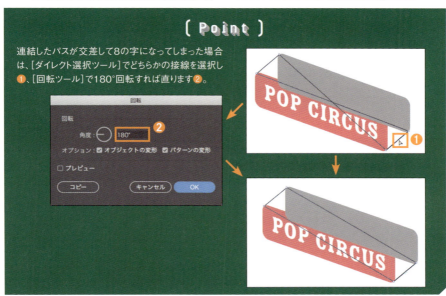

[Point]

連結したパスが交差して8の字になってしまった場合は、[ダイレクト選択ツール]でどちらかの接線を選択し❶、[回転ツール]で180°回転すれば直ります❷。

235

複製した長方形と連結した接線を両方選択し❶、[塗り]を[C10 M85 Y70 K0]に❷、[線]を[なし]に設定します❸。最後に、[オブジェクト]メニュー→[重ね順]→[最背面へ]を実行して背面に送れば完成です。

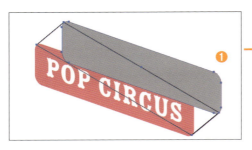

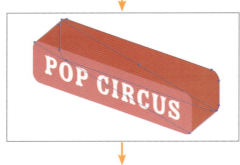

[Point]

3D効果の[押し出し・ベベル]を使えば今回の作例と同じような立体化はできますが(P.54「15立体的な棒グラフを作りたい」参照)、側面が斜めやテーパー形状になっているようなものは困難です❶。また、ブレンド機能を使っても同じく立体化が可能ですが(P.164「48文字を立体的にしたい」参照)、側面のラインを拡大すると実際には単純な直線になっていません❷。共通接線のスクリプト使うと、このような問題を比較的簡単にクリアできます。

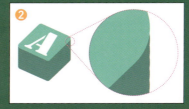

Part 6　作業効率を上げるステップアップワザ

Tip 73

星座をイメージしたタイトル文字を作りたい

↓

[スクリプトを使って
パスのアンカーポイントにシンボルを配置する]

パスは、アンカーポイントを複数のセグメントでつなぎ合わせた「星座」のようなイメージです。これをうまく利用して、星座風のタイトル文字を作ってみましょう。手間のかかる星の配置はすべてスクリプトで処理します。

使用素材 [Tip73]folder→[Tip73_logo.ai]

スクリプトを準備してベースとなるオブジェクトを作成する

1 今回は、「SAUCER」からダウンロードできる「方向線を追加」と「シンボルに置き換え」のスクリプトを利用します。ウェブブラウザで右の表を参考にURLにアクセスし、それぞれのスクリプトをダウンロードしておきます。ダウンロードした「方向線を追加.jsx」と「シンボルに置き換え.jsx」は、ひとまずデスクトップなどのわかりやすい場所に移動しておきましょう。

スクリプト名	URL
方向線を追加	http://graphicartsunit.tumblr.com/post/110883380569/
シンボルに置き換え	http://graphicartsunit.tumblr.com/post/134802610854/object-to-symbol

(Point)
基本的なスクリプトの使い方は、P.228「70 標準にはない機能を追加したい」を参考にしてください。

237

② ［文字ツール］を使って、「HOROSCOPE」というポイント文字を作成します。文字カラーを［C0 M0 Y0 K20］に設定したあと❶、［文字］パネルを❷のようにして、フォントや大きさを設定します。また、文字数が少し多いので「HORO」のあとで改行して2行にしました。［オブジェクト］メニュー→［ロック］→［選択］を実行してロックしておきます。

(Point)

ここで使っている「Museo Sans 100」のフォントは、CCユーザーならTypekitから同期して利用できます。Typekitの使い方はP.186「56 いろいろなフォントを使いたい」を参考にしてください。

③ ［ペンツール］を使って、文字の中心をとおる線をパスでトレースします❶。トレースの精度はそれほど高くなくても問題ありませんが、アンカーポイントの位置に星が配置されることになるので、それだけ意識しておきましょう。［線幅］を［1pt］に❷、カラーを［C0 M0 Y0 K100］に設定しておきます❸。トレースが終わったら、文字のロックを解除して削除し、パスだけを残します。なお、このパスはあらかじめ素材として用意しているのでそれを使っても構いません（Tip73_logo.ai）。

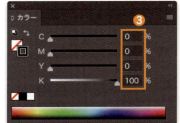

星型のオブジェクトを登録してスクリプトを実行する

1. [スターツール]でアートボード上の空いているスペースをクリックし、[第1半径]を[2.5mm]に❶、[第2半径]を[1mm]に❷、[点の数]を[5]に設定して❸、[OK]をクリックし❹、星型のオブジェクトを作成します。[線]は[なし]に❺、[塗り]は[C0 M0 Y0 K100]に設定しておきます❻。これを、「星」という名前のスタティックシンボルとして登録します❼❽。登録したら、作成した星型オブジェクトは使わないので削除して大丈夫です。

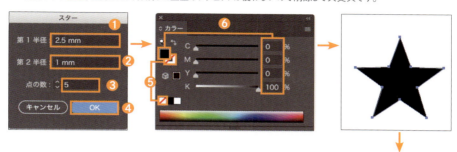

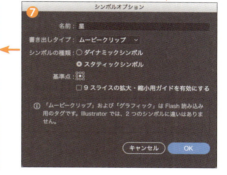

(Point)

シンボルについての詳細はP.62「17繰り返し使うパーツを効率よく管理したい」を参考にしてください。

2. 前ページの手順❸でトレースした文字のパスをすべて選択します❶。「方向線を追加.jsx」のスクリプトを実行して❷、[アンカーポイント]のみをオンにし❸、[実行]をクリックします❹。

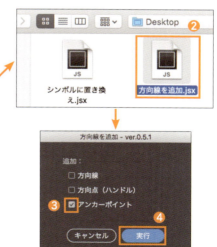

3. アンカーポイントの位置にグレーの正方形が追加されます。追加された正方形のどれか1つを選択し❶、[選択]メニュー→[共通]→[塗りと線]を実行して正方形をすべて選択します❷。

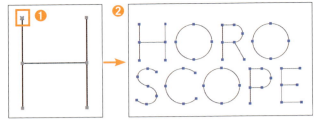

4. 「シンボルに置き換え.jsx」のスクリプトを実行して、リストから「星」を選択し❶、[実行]をクリックすると❷、正方形がすべて星型シンボルに置き換わります❸。

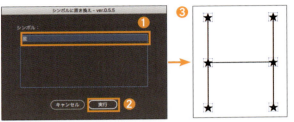

(Point)

スクリプトの実行時に、選択オブジェクトの数が多いというメッセージが表示されますが、そのまま[はい]で進めます。また、星の大きさを調整したいときは、[オブジェクト]メニュー→[変形]→[個別に変形]を選択し、[拡大・縮小]を使って調整するとよいでしょう。

バランスを整えて色を調整する

1. [アンカーポイントの追加ツール]を使って星と線が触れる箇所の少し外側にアンカーポイントを追加し❶、余分な範囲をカットして隙間を空けていけば❷、星座のイメージは完成です❸。

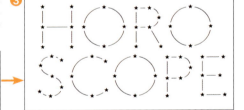

2. 濃い色の背景の上に乗せ、星と線を明るいカラーにすれば星座のイメージになります。オブジェクトのカラーを変えるときは、[再配色]の機能を使うと便利です。また、[効果]メニュー→[スタイライズ]→[光彩（外側）]などの効果を加えても、より雰囲気が高まります。

(Point)

[再配色]についてはP.196「59複数のカラーを一気に変えたい」を参考にしてください。

Part 6　作業効率を上げるステップアップワザ

Tip 74

イラストにアナログ的な質感をプラスしたい

↓

[水彩タッチやノイズのテクスチャ画像を
不透明マスクでイラストに合成する]

Illustratorのパスは、シャープでデジタル的な雰囲気になりがちです。不透明マスクを利用して、アナログ的な表情を出してみましょう。

Before

After

使用素材 [Tip74]→[Tip74_illust.ai／Tip74_texture.psd]

不透明マスクの機能を理解してイラストをグループ化する

1 最初に、不透明マスクの機能について確認しておきましょう。不透明マスクは、マスクとして使うオブジェクトのカラー濃度に応じて、対象オブジェクトの透明度を指定する機能です。通常は、暗いところが透明に、明るいところが不透明になります。パスの形を使ってマスキングするクリッピングマスクとは異なり、「透明度」を柔軟にコントロールできるというのが特徴です。

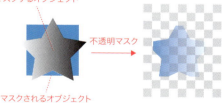

2 では、イラストに質感を加えていきましょう。元となるイラストを作成します（Tip74_illust.ai）。ここでは、通常のパスで構成された、いかにもIllustratorで作成したという表現のイラストです。これらすべてを選択してグループ化しておきます。

テクスチャ画像を用意して配置する

1 今回は、水彩絵具で作った筆のタッチをテスクチャ画像として使います（Tip74_texture.psd）。テクスチャ画像は、Photoshopなどを使ってあらかじめグレースケールに変換しておきます。このときのポイントは、ディティールが潰れない程度でグレーの濃度をあまり薄くしないことです。グレーが薄いと大切なイラスト自体が見えづらくなってしまいます。画像は、psdやjpgなど、Illustratorに配置できる形式で保存しておきましょう。

2 ［ファイル］メニュー→［配置］を選択し、テクスチャ画像を選んで❶、［配置］をクリックし❷、配置します❸。このとき注意したいのは、リンクではなく埋め込みとして配置することです。配置のダイアログで、［リンク］のチェックをオフにしておけば❹、埋め込みとして配置されます。

> **[Point]**
> 配置した画像を選択したとき、対角線が表示される場合はリンクになっています。［コントロール］パネルで［埋め込み］をクリックして埋め込みに変換しておきましょう。

不透明マスクを利用する

1 配置したテクスチャ画像を、今回ベースとなるイラストの上に重ねます❶。すべてを選択し、［透明］パネルの［マスク作成］をクリックすると❷、テクスチャ画像の濃度に応じてイラストがマスクされます。

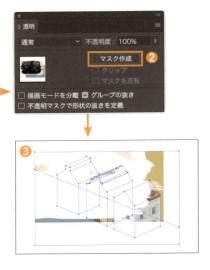

2 標準では、黒の範囲が透明になるので、テクスチャの部分が透明になってしまっています。[透明]パネルの[マスクを反転]をオンにして❶、不透明の範囲を反転しておきましょう。なお、[透明]パネルの左側サムネールはマスク対象のオブジェクトを❷、右側サムネールはマスクオブジェクトを表しています❸。

マスクオブジェクト

マスク対象のオブジェクト

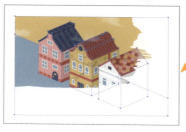

3 [透明]パネルの右側のサムネールをクリックすると❶、不透明マスクの編集モードになります。不透明マスクの編集モード中はイラスト自体は選択できなくなり、マスクオブジェクトだけが編集できるようになります❷。テクスチャ画像の位置や大きさを編集して、ちょうどよい形にしましょう。

4 [透明]パネルの左側のサムネールをクリックし❶、不透明マスクの編集モードを終了すれば完成です。平面的な仕上がりに筆のタッチがプラスされ、アナログ的な雰囲気が出ました❷。

[Point]

印刷用として入稿する前には、出力側が不透明マスクに対応しているかどうか、事前に印刷所へ確認しておいた方がよいでしょう。どちらかはっきりしないときは、不透明マスクを含むイラストすべてをラスタライズして、ビットマップ画像にしておけば問題ありません。

Part 6　作業効率を上げるステップアップワザ

Tip 75

アーチにしたパス上文字のカーブを簡単に調整したい

↓

[テキストパスの形を手動で変えたあと
スクリプトで正確な円弧にする]

きれいな円弧を使ったパス上文字は、カーブの調整が大変です。どのようなパスでもきれいな円弧として再計算するスクリプトを利用すれば、比較的簡単にカーブの強さを調整できます。

Before

After

使用素材　[Tip75]folder→[Tip75_ribon.ai]

スクリプトの導入と調整のポイント

1 ここでは、テキストパスにリボンのブラシを適用したパス上文字を使って、円弧のカーブを調整してみます(Tip75_ribon.ai)。このリボン文字は、P.97「27文字入りリボンのパーツを作りたい」で作成したものなので、詳しい作り方はそちらを参考にしてください。

2 今回は、「s.h's page」からダウンロードできる「円弧にする」のスクリプトを利用します。ウェブブラウザで「http://shspage.com/aijs/」にアクセスし、「download: aics_scripts.zip」のリンクをクリックして、❶スクリプトをダウンロードします。解凍した中にある「doc/legacy_and_extra/円弧にする.jsx」がスクリプトファイルです❷。今回は、これを利用します。

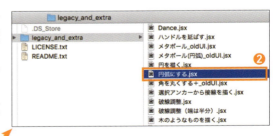

[Point]

基本的なスクリプトの使い方は、P.228「70標準にはない機能を追加したい」を参考にしてください。

3. ［グループ選択ツール］で、テキストパス（パス上文字のパス）だけを選択します。現在、テキストパスは3つのアンカーポイントで構成された曲線になっています。この曲線のカーブをもう少し強くしたいときは、［ダイレクト選択ツール］で中央のアンカーポイントだけを上へ移動しながら、すべての方向線（ハンドル）などをきれいに調整しなければなりません❶。しかし、バランスよく調整するのは至難の技です❷。

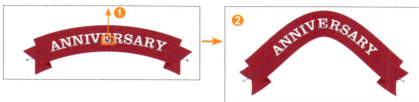

4. ［拡大・縮小ツール］を使って、垂直方向のみに拡大、縮小してもカーブを変更できますが、左右の角度が少しいびつになってしまいます。このように、きれいな円弧を維持しながら湾曲を調整するのはなかなか難しく、最初から作り直しになる場合も少なくありません。

スクリプトを利用する

1. では、スクリプトを使って円弧の調整をしてみましょう。［ダイレクト選択ツール］で、テキストパスの中央のアンカーポイントだけを選択し❶、上方向へ移動します❷。リボンは高くなりましたが、当然カーブの形は崩れてしまいます❸。

2. ［選択ツール］でパス上文字全体を選択し❶、「円弧にする.jsx」を実行します。テキストパスの幅と高さから、最適なカーブを再計算し、きれいな円弧として自動的に調整されました❷。必要に応じてアンカーポイントなども追加、削除されます。

3 今度はカーブを緩くしてみましょう。[グループ選択ツール]で、テキストパスだけを選択します❶。[拡大・縮小ツール]をダブルクリックして、[縦横比を変更]を選択し❷、[水平方向]を[100%]に❸、[垂直]を[70%]に設定したら❹、[OK]をクリックします❺。

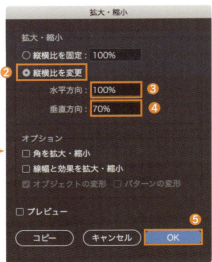

4 続いて、手順3と同じように[選択ツール]でパス上文字全体を選択し❶、「円弧にする.jsx」を実行します。カーブがきれいな円弧に調整されました❷。

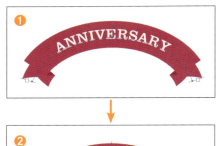

[Point]

[ダイレクト選択ツール]と[グループ選択ツール]は、optionキーを押している間それぞれをトグル(入れ替え)できます。

Part 6 作業効率を上げるステップアップワザ

Tip 76

決まった操作を自動化したい

[アクションに一連の操作を記録して再生する]

一連の操作を順番に記録した「アクション」。効率化のためには欠かせない機能の1つです。日々の業務で多用する決まった操作は、アクション化して自動で処理できるようにしておくとよいでしょう。

[アクション]パネルを確認する

1 まず、[アクション]パネルを開いて中身を確認してみましょう。「初期設定アクション」というフォルダーがあり❶、その中にたくさんのアクションが入っています❷。このフォルダーは「アクションセット」または「セット」と呼ばれ、複数のアクションを整理するための入れ物です。セットは[新規セットを作成]をクリックして❸、自分で追加できます。なお、アクションは必ずどれかのセットに属さなければなりません。

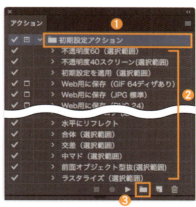

(Point)
セットやアクションの項目名の左にある矢印アイコンをクリックすることで、内容の収容や展開ができます。

2 まず、セットから作成しましょう。[アクション]パネルの[新規セットを作成]をクリックします❶。[名前]を[Myアクション]にして❷、[OK]をクリックすると❸、新しいフォルダー(セット)が一覧に追加されます❹。

アクションを記録していく

1 続いて、アクションの作成です。ここでは、選択したオブジェクトを新規レイヤーに集める処理をアクションに登録してみます。まず、記録用の操作をするためにダミー用のオブジェクトを作っておきます。ダミー用オブジェクトは何でも構いません。ここでは適当な大きさの長方形を作成しました。これで準備完了です。

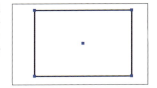

2 ここから、アクションを記録していきます。[アクション]パネルの[新規アクションを作成]をクリックします❶。[名前]を「新規レイヤーに集める」とし❷、[セット]を[Myアクション]に設定します❸。[ファンクションキー]はキーボードショートカットです。「F1」～「F12」のファンクションキーにアクションを割り当てることで、素早く実行が可能となります。ここでは[なし]にしておきましょう❹。[カラー]では、パネルをボタンモードにしたときのボタンのカラーを設定できます。これも[なし]にしておきます❺。最後に[記録]をクリックします❻。[アクション]パネルに項目が追加され、操作の記録を開始します❼。

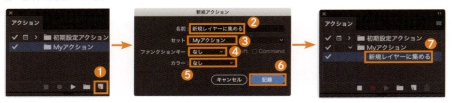

3 アクションの記録が開始されたら、ほとんどの操作がアクションとして記録されていくので、余分な操作をしないように注意しましょう。ダミー用オブジェクトを選択して❶、[レイヤー]パネルを開き、[新規レイヤーを作成]をクリックし❷、新しいレイヤーを追加します❸。

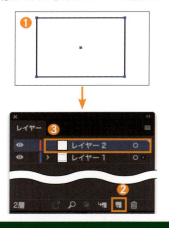

4 先ほど作成した新規レイヤーが選択されていることを確認し、[オブジェクト]メニュー→[重ね順]→[現在のレイヤーへ]を実行します❶。選択した長方形が新しいレイヤーに移動しました❷。ひとまず、操作はこれで完了です。

> **(Point)**
> ツールによるオブジェクトの選択や、パネルの開閉、移動などUI上の操作などはアクションには記録されません。

5 [アクション]パネルの[再生/記録を中止]をクリックして、記録を終了します❶。[アクション]パネルを確認すると、先ほどの手順❸から❹の操作が記録されていることがわかります❷。通常だと実行時にダイアログが出ることがありますが、アクションの[レイヤー]項目左にある[ダイアログボックスの表示を切り替え]をクリックして表示を消しておくと❸、ダイアログを省略できます。

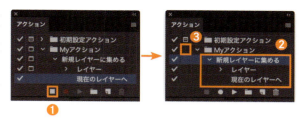

アクションを実行する

1 続いて、アクションを実際に動かしてみましょう。現在、2つのレイヤーがありますが、それぞれに1つずつ何かのオブジェクトを追加します❶。ここでは、「レイヤー 1」に円、「レイヤー 2」に長方形のオブジェクトを配置しました❷。これらを両方選択し、[アクションパネル]で[新規レイヤーに集める]を選択して❸、[選択項目を実行]をクリックします❹。新規レイヤーが作成され、選択した2つのオブジェクトが移動しました❺。

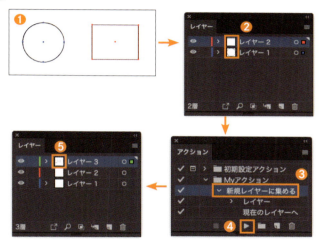

2 アクションを選択してから実行ボタンを押すのが面倒なときは、表示をボタンモードにしておくとよいでしょう。[アクション]パネルのパネルメニューから、[ボタンモード]を選択します❶。ボタンモードでは、項目をクリックするだけで直接アクションが実行可能です❷。

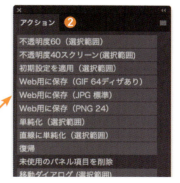

(Point)

ボタンモードのときは、アクションの追加や削除などの操作はできません。

Part 6　作業効率を上げるステップアップワザ

Tip 77

テキストオブジェクトを改行ごとに分けたい

［スクリプトを使って テキストオブジェクトの分割や結合をする］

改行ごとで別のテキストオブジェクトに分けたり、複数のテキストオブジェクトを1つにまとめるには、スクリプトを使うと効率的です。

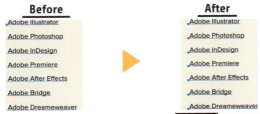

使用素材 [Tip77]folder→[Tip77_text.ai]

スクリプトを導入してベースとなるテキストを用意する

1 今回は、「イラレで便利」からダウンロードできる「テキストばらし」、「テキスト連結・たて並び」のスクリプトを利用します。ウェブブラウザで「http://d-p.2-d.jp/ai-js/pages/01_scripts/text/」にアクセスし、「全スクリプト一括・CS2用」のリンクをクリックして❶、スクリプトをダウンロードします。解凍した中にある「テキストばらし.jsx」と「テキスト連結・たて並び.jsx」がスクリプトファイルです❷。今回は、これを利用します。なお、CS2用とありますが、執筆時点での最新バージョン（CC 2018）でも動作します。

2 ［文字ツール］で、右のような複数行のポイント文字を作成します（Tip77_text.ai）。フォントや大きさなどの文字設定は適当で構いません。これを改行ごとに個別のポイント文字に分けたいとき、通常の手順だと、行数の分だけテキストオブジェクトを複製し、それぞれ不要な行を1つずつ削除していかなければなりません。これだとかなり手間がかかってしまいます。

テキストオブジェクトを分割／統合する

1. ［選択ツール］でポイント文字をテキストオブジェクトとして選択します❶。［キストばらし.jsx］を選択して❷、［開く］をクリックし❸、スクリプトを実行します。改行ごとで別のテキストオブジェクトに分割されました❹。

> **(Point)**
> 分割されたテキストオブジェクトの間隔は、1文字目の行送りに従って決まります。

2. 逆に、分割したテキストオブジェクトを1つにまとめることも可能です。手順1で分割したテキストオブジェクトをすべて選択し❶、［テキスト連結・たて並び.jsx］を選択して❷、［開く］をクリックし❸、スクリプトを実行します。縦に並んだ順番でテキストが連結されました❹。

特定の行を入れ替える

1. 続いて、今回のスクリプトを使った応用ワザを試してみましょう。複数行のテキストで、特定の行を入れ替える処理をしてみます。まず、先ほどの手順と同様に、複数行のテキストを❶、［テキストばらし.jsx］のスクリプトを使って個別に分けます❷。このときのポイントは、あらかじめ行間を少し広めにしておくことです。

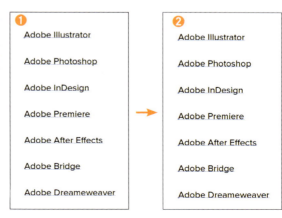

2 ［選択ツール］でテキストオブジェクトをドラッグして、上下の順番を入れ替えます。縦並びの順番だけがはっきりとしていれば、左右の揃えやそれぞれの間隔は適当で構いません。

3 テキストオブジェクトをすべて選択し、「テキスト連結・たて並び.jsx」のスクリプトを選択して［開く］をクリックし、スクリプトを実行します。テキストオブジェクトが連結されて1つになりました。このように、通常のテキスト編集では手間のかかる行の入れ替えも比較的簡単に行うことができます。

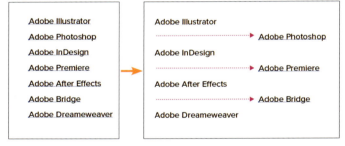

偶数行と奇数行で別のオブジェクトに分ける

1 最後に、もうひとつの応用ワザです。これまでと同様に「テキストばらし.jsx」のスクリプトで1行ずつを別々にしたあと、テキストオブジェクトをひとつおきに選択して横に移動します。

2 「テキスト連結・たて並び.jsx」を実行して連結します。残りのテキストも同じように連結すれば、偶数行と奇数行を別のオブジェクトに分けることができます。テキストを1行ずつ削除しながら分けるより、格段に効率的です。

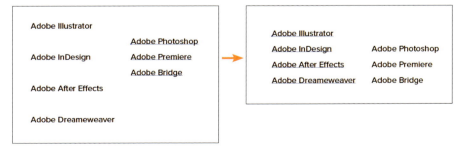

用語索引

↓ 英数字

1字下げ	170
2色印刷	200
3D押し出し・ベベル	54
3D機能	54
CMYK	222,229
DICカラーガイドパネル	200
JPEG	21,34
PNG	21
PNGの透過	34
PSD	150
RGB	222,229
SVG	21
TIFF	150
Typekit	186
Typekitからフォントを追加	186

↓ あ

アーチ	76
アートブラシ	105
アートブラシオプション	98
アートボード	18,21
アートボード定規に変更	125
アートボードツール	19
アートボードに整列	122
アートボードパネル	19
アートボードを書き出し	23
アウトライン	72,114
アウトライン化したテキスト	108
アウトラインを作成	59,61
アクションパネル	247
アセットの書き出し	33
アピアランスパネル	52,133,160,180,221
アピアランスを分割	57,124,133,153
アプリ用の画像	32
アンカーポイントツール	94
アンカーポイントの追加	71,240
一括削除（アクション）	17
インストール（フォント・スクリプト）	188,231
インデント	190

ウェブ用の画像	32
内側描画	146
埋め込み	104,149
埋め込みを解除	226
エリア内文字オプション	117
エリア内文字ツール	116
円弧	152
円弧にする	244
オーバープリントプレビュー	209
オーバーフロー	153
押し出し・ベベル	55,236
オブジェクトを再配色	67,196,201,216,217
オブジェクトを編集	107

↓ か

回転	56
ガイド	112,123,126
書き出し（画像）	22
拡大・縮小ツール	165,233,246
下弦	49
箇条書き	189
画像トレース	102
角を丸くする	233
カラー配列をランダムに変更	216
カラーパネル	205,212
カラーホイール	198
カラーを編集	201,216
カラーを丸める	230
環境設定	26
キーオブジェクト	110
旧字体	184
行	177
共通接線	232,235
記録（アクション）	248
グラデーション	218
グラフィックスタイル	53,81
クリッピングマスク	101,107,108,224
グループ選択ツール	245
グレースケールに変換	104
形状オプション	76,123,181
形状に変換	180

現在のカラー	202
効果	75,194,221
光彩（外側）	240
合成フォント	167
コーナー	85
コーナーウィジェット	84
コピー元のレイヤーにペースト	135
個別に変形	120,240

↓ さ

再生／記録を中止	249
彩度調整	207
再リンク	12
サブレイヤー	141
三点リーダー	175
散布ブラシオプション	90
シアーツール	234
シェイプ形成ツール	178
しきい値	102
色相＋彩度	198
色相＋明度	198
ジグザグ	49,221
字形	184
字形パネル	185,190
収集	13
定規を表示	27,38
上弦	50
乗算	69
新規アクションを作成	15
新規カラーグループ	201
新規シンボル	62
新規スタイルを作成	156
新規ブラシの種類を選択	90
新規レイヤーに集める	141
新規レイヤーを作成	41,140,248
シンボル	62,78,239
シンボルインスタンス	63
シンボルオプション	63,78
シンボルに置き換え	237,240
シンボルの種類	62,78
シンボルパネル	15,62,77
シンボルを削除	15
垂直方向	120
水平方向	120
水平方向左に整列	129
スウォッチパネル	37,65,200,203,208,211

スウォッチライブラリメニュー	65,200
スウォッチを削除	16
ズームツール	30
スクリーン	224
スクリーン用に書き出し	21
スクリプト	230
スクリプトファイル	228
スターツール	239
スタティックシンボル	78
すべてのアートボードにペースト	25
すべてのアートボードを再配置	20
すべてのレイヤーを結合	138
スポイトツール	86,218
スポイトツールオプション	87
スポイトの抽出	87
スポイトの適用	87
スマートガイド	143
整列パネル	111,129
セット	247
前後にブレンド	216
選択レイヤーを結合	139
線幅	128
線幅プロファイル	75
前面オブジェクトで型抜き	73
ソフトライト	225

↓ た

ダイレクト選択ツール	84,166,234,245
ダウンロード	228,231,244,250
楕円形ツール	91
縦組み中の欧文回転	162
縦中横	163
タブ	191
タブリーダー	173
タブルーラー	174
単位	26
段組設定	113,177
段落	155,170
段落後のアキ	172
段落スタイル	156
段落スタイルの再定義	158
段落パネル	154,171
置換	64
中間オブジェクト	210
テキストばらし	250
テキスト連結・たて並び	252

でこぼこ	45
テンプレート	40
テンプレート形式で保存	40
等間隔に分布	111
透明グリッド	29
透明パネル	222,243
ドキュメントで使用されているフォントをコピー	13
ドキュメントのカスタマイズ	37
ドキュメント設定	29
特色	208
ドロップシャドウ	82

↓ な・は

ノイズ	103
ハーモニールール	197
配色オプション	216
配置	143,146,223,242
背面描画	146
バウンディングボックス	181,183
バウンディングボックスを表示	47,79
パス上文字オプション	99
パス上文字ツール	153
パスのオフセット	123
パスの変形	131,194,215,221
パスファインダーオプション	114
パスファインダーパネル	46,60,72,114
パターンブラシ	95
パッケージ	11
パンク・膨張	90
版面	115
反転	213
ピクセルグリッド	31
ピクセルプレビューモード	31
描画モード	222,225
標準描画	147
ファイル形式	150
フォーマット	23
複合シェイプ	46,72
複合パス	108
復帰	141
不透明マスク	241
ブラケット	153
ブラシパネル	92,96,97
ブラシを削除	16
プリセット	36
プレビュー	117,131,166,204
プレビュー境界を使用	128
ブレンド	165,211
プロファイル	36
プロファイルの保存先	38
分版プレビューパネル	209
ベーシック_ライン	65
ベースラインシフト	100
別名で保存	38
変形	66,120,131
変形効果	215
変形パネル	128
ペンツール	61,91,152,192
方向線を追加	237,239
補色	213
ボタンモード	249

↓ ま

マスキング	101
マスク	224,241
マスクオブジェクト	243
ミリメートル	26
文字	155
文字タッチツール	182
文字ツール	131
文字パネル	154,164,169

↓ や・ら・わ

ライブコーナー	84
ラスター(ビットマップ)画像	104
ラスター(ビットマップ)形式	30
ラスタライズ	101,225
ラフ	194
ランダム	120
リーダー	175
リンク	143,148
リンク維持	12
リンクされたファイルとドキュメントを再リンク	12
リンク配置	10
リンクをコピー	12
リンクを別のフォルダーに収集	12
レイヤー	141
レイヤーパネル	41,139
列	177
レポートを作成	13
ワープ	45,49,76,152
ワープオプション	50

超時短Illustrator

高橋としゆき
Takahashi Toshiyuki
(Graphic Arts Unit)

愛媛県松山市在住。「Graphic Arts Unit」の名義でフリーランスのグラフィックデザイナーとして活動中。デザイン系の書籍も数多く執筆しており、近著には『やさしいレッスンで学ぶ きちんと身につくPhotoshopの教本』(エムディエヌコーポレーション／共著)など。また、プライベートサイト「ガウプラ」で配布しているフリーフォントは、TVCM、ロゴタイプ、アニメ、ゲーム、広告など、さまざまな媒体で使用されている。

[アートディレクション&デザイン]
藤井 耕志 (Re:D Co.)

[編集]
オンサイト／最上谷 栄美子

[DTP]
あおく企画

超時短Illustrator「デザイン&レイアウト」速攻アップ！

2018年3月8日 初版 第1刷発行

[著　者] 高橋としゆき
[発行者] 片岡　巖
[発行所] 株式会社技術評論社
　　　　 東京都新宿区市谷左内町21-13
　　　　 電話 03-3513-6150 販売促進部
　　　　　　　03-3267-2272 書籍編集部
[印刷／製本] 図書印刷株式会社

定価はカバーに表示してあります。
本書の一部または全部を著作権の定める範囲を越え、無断で複写、複製、転載、データ化することを禁じます。

©2018 高橋としゆき

造本には細心の注意を払っておりますが、万一、乱丁(ページの乱れ)や落丁(ページの抜け)がございましたら、小社販売促進部までお送りください。送料小社負担でお取り替えいたします。

ISBN978-4-7741-9606-0　C3055
Printed in Japan

お問い合わせに関しまして

本書に関するご質問については、下記の宛先にFAXもしくは弊社Webサイトから、必ず該当ページを明記いただき、お送りください。電話によるご質問および本書の内容と関係のないご質問につきましては、お答えできかねます。あらかじめ以上のことをご了承の上、お問い合わせください。なお、ご質問の際に記載いただいた個人情報は質問の返答以外の目的には使用いたしません。また、質問の返答後は速やかに削除させていただきます。

宛先:〒162-0846
東京都新宿区市谷左内町21-13
株式会社技術評論社　書籍編集部
『超時短Illustrator「デザイン&レイアウト」速攻アップ！』係
FAX:03-3267-2269
技術評論社Webサイト
http://gihyo.jp/book/